"十四五"职业教育国家规划教材

PLC 高级应用与人机交互
活页式教材

赵秋玲　丁晓玲
牟海春　宋　健　编著

北京理工大学出版社
BEIJING INSTITUTE OF TECHNOLOGY PRESS

内 容 简 介

本书围绕 PLC 工程师岗位能力需求，基于行动导向教学模式，以智能制造行业典型控制项目为载体，通过项目描述、任务分析、设计决策、任务实施、检查评估、拓展提高六个环节，将 S7-1200PLC 硬件、博途编程、触摸屏、变频调速、运动控制、网络集成等技术有机融合在一起。

本书根据智能制造行业自动控制技术发展趋势，面向工程实际，注重实用性、先进性和系统性，通过完整的控制项目设计与实施，培养学生的 PLC 高级应用与人机交互控制理论、技能和实际工控项目设计开发的能力。本书可作为高等职业院校或五年贯通中等职业院校机电一体化、电气自动化、工业机器人等专业相关课程教材，也可供智能制造行业控制工程技术人员参考使用。

版权专有　侵权必究

图书在版编目（CIP）数据

PLC 高级应用与人机交互 / 赵秋玲等编著 . -- 北京：北京理工大学出版社，2021.9（2024.1 重印）
　ISBN 978-7-5763-0376-6

Ⅰ．①P… Ⅱ．①赵… Ⅲ．① PLC 技术 – 教材 Ⅳ．① TM571.61

中国版本图书馆 CIP 数据核字 (2021) 第 191320 号

责任编辑：赵　岩	文案编辑：赵　岩
责任校对：周瑞红	责任印制：李志强

出版发行 / 北京理工大学出版社有限责任公司
社　　址 / 北京市丰台区四合庄路 6 号
邮　　编 / 100070
电　　话 /（010）68914026（教材售后服务热线）
　　　　　（010）68944437（课件资源服务热线）
网　　址 / http://www.bitpress.com.cn
版 印 次 / 2024 年 1 月第 1 版第 2 次印刷
印　　刷 / 河北盛世彩捷印刷有限公司
开　　本 / 787 mm×1092 mm　1/16
印　　张 / 17
字　　数 / 400 千字
定　　价 / 49.90 元

图书出现印装质量问题，请拨打售后服务热线，负责调换

前　言

为贯彻落实党的二十大精神，坚持把发展经济的着力点放在实体经济上，加快制造强国、数字中国建设，具有数字化、网络化和智能化特征的智能制造成为推动制造业高质量发展的必然要求和稳定工业经济增长的重要着力点。

智能制造时代，信息技术与制造业深度融合，工业生产的自动化、智能化程度提升，对掌握变频调速、定位控制、运动控制、以太网通信等先进控制技术的复合型人才需求量极大。本书以工业中常用西门子 S7-1200 PLC 和 KTP 系列触摸屏为载体，通过典型智能控制项目的分析、设计和实施，基于行动导向，采用模块项目设计，以任务驱动的方式，使学生领略 PLC 高级应用和人机交互的博大精深；用若干个由简单到复杂、由传统到先进的典型控制项目，循序渐进，举一反三，使学生逐步掌握复杂 PLC 控制和人机交互项目的设计思路、开发技巧和综合能力。

本书结合作者多年的工业控制项目开发和教学工作经验，围绕 PLC 工程师典型的工作岗位能力需求，融入 RFID、Profinet、以太网通信等新技术，依据工业控制项目完整的设计开发工作流程和学以致用的原则，来设计与安排 PLC 高级应用和人机交互控制理论及其实践技能，全书特色鲜明、案例典型、项目实用。

依据 PLC 在智能制造行业的应用范围及典型控制案例，本书分为 5 个模块，每个模块包括若干个项目，每个项目通过项目描述、任务分析、设计决策、项目实施、检查评估、拓展提高六个环节安排相关内容，通过做中学、学中做，培养学生 PLC 高级应用与人机交互理论和技能。

□ 模块一　PLC 逻辑控制
　　项目一　多层警示灯 PLC 控制
　　项目二　气动机械手 PLC 控制
□ 模块二　HMI 人机交互
　　项目一　推料装置 PLC 控制与人机交互
　　项目二　输送线 PLC 控制与人机交互
□ 模块三　PLC 变频调速控制
　　项目一　输送线变频调速网络控制
　　项目二　分拣线变频调速定位控制
□ 模块四　PLC 运动控制
　　项目一　平面仓储装置步进控制
　　项目二　输送搬运装置伺服控制

□ 模块五　网络集成和虚拟调试
　　项目一　分拣仓储系统网络集成控制
　　项目二　智能仓储单元系统集成和虚拟调试

本书读者对象：

○ 具有一定电气控制、PLC 使用基础的机电一体化、电气自动化设计人员。
○ 大中专院校机电一体化、电气自动化、工业机器人等相关专业的学生和教师。
○ 具有一定电工维修经验的设备维修、维护人员。
○ 热爱 PLC 控制技术的自学人员。

本书既可以作为大中专院校机电一体化、工业机器人、电气自动化等专业的教材，也可以作为读者自学的教程，同时也非常适合作为相关专业人员的参考手册。

本书配套信息化资源：

为了方便读者的学习，本书开发了大量配套信息化资源，其中微课 150 个、仿真动画 50 个、PLC 源程序 20 个、拓展知识 50 个、学生工作页 20 个，所有配套资源都上传到课程网站，学生可扫码学习，配套源程序学生可扫码下载。

本书主要由学校专职教师赵秋玲、丁晓玲、宋健和企业工控专家牟海春编者。在编写过程中，得到了张云龙、周燕、高杉、刘月娟、张威、吕英杰、吕志浩等校内教师和尹相龙、蒋军涛、沈哲等校外专家的大力支持和帮助。在此向他们表示衷心感谢。同时，也感谢您选择了本书，希望我们的努力对您的工作和学习有所帮助，也希望您把对本书的意见和建议告诉我们。

赵秋玲

目　录

模块一　PLC 逻辑控制 ·· 1
　　项目一　多层警示灯 PLC 控制 ··· 3
　　项目二　气动机械手 PLC 控制 ··· 39

模块二　HMI 人机交互 ·· 67
　　项目一　推料装置 PLC 控制与人机交互 ·· 69
　　项目二　输送线 PLC 控制与人机交互 ·· 89

模块三　PLC 变频调速控制 ·· 115
　　项目一　输送线变频调速网络控制 ··· 117
　　项目二　分拣线变频调速定位控制 ··· 141

模块四　PLC 运动控制 ·· 165
　　项目一　平面仓储装置 PLC 控制 ··· 167
　　项目二　输送搬运装置伺服控制 ·· 189

模块五　网络集成和虚拟调试 ·· 219
　　项目一　分拣仓储系统网络集成控制 ·· 221
　　项目二　智能仓储单元系统集成和虚拟调试 ··································· 245

参考文献 ··· 262

模块一 PLC 逻辑控制

学习目标

※ 巩固 PLC 控制基础知识。
※ 了解 S7-1200 PLC 控制系统组成和硬件类型。
※ 初步学会 TIA Portal 软件平台的使用方法。
※ 学会 PLC 逻辑控制基本指令。
※ 学会根据 PLC 手册进行 PLC 型号的选择和硬件线路的简单设计。
※ 掌握 PLC 逻辑控制系统设计、编程与调试的思路和方法。
※ 培养学生认识问题、分析问题和解决问题的能力。

模块简介

智能制造飞速发展，制造业与互联网深度融合，基于网络通信的 PLC 产品迭代更新。2009 年，一种全新、小型可编程控制器系列产品 SIMATIC S7-1200 产生，是替代 S7-200 PLC 的一款西门子核心产品，设计目的是为小型和大型分布式控制应用提供易于使用和可扩展的基础架构。S7-1200 PLC 集成了 Profinet 接口、高速计数、脉冲输出、运动控制等功能，可为小型自动化领域提供紧凑、复杂的自动化系统整体解决方案，在国内外占有很大市场份额，在我国得到了广泛应用。

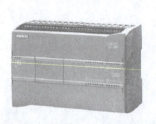  

PLC 是专门用于工业控制的"工业计算机"，常用于连续监视输入设备的状态并根据自定义程序进行决策以控制输出设备的动作，从而代替传统工业控制中的电磁继电器，实现逻辑控制。本模块以 S7-1200 PLC 为载体，通过对声光报警器、机械手控制系统的设计与实现，使读者会使用 S7-1200 PLC 进行简单装置的逻辑控制系统，掌握 PLC 控制项目分析、设计、程序、接线调试的思路和方法。

PLC 高级应用与人机交互	模块一 PLC 逻辑控制 项目一 多层警示灯 PLC 控制 任务工单	学生： 班级： 日期：

项目一　多层警示灯 PLC 控制

1.1 项目描述

多层警示灯是一种用于工业生产设备和传输控制作业，将设备工作状态以视觉或声音信号传递给设备操作人员、技术员、生产管理员和工厂人员的信号灯，其英文名称为 Stack Light，又叫工业信号灯、塔灯，一般由一个或多个指示灯、报警器并联而成。现在某设备顶部要安装一个三层警示灯，如图 1-1-1 所示，用于指示设备工作状态。该警示器由白、红、绿三个指示灯和蜂鸣器组成，白色灯用于表示通电状态，绿色灯用于表示运行状态，红色灯用于表示急停状态，蜂鸣器用于故障报警。

图 1-1-1　警示灯 PLC 控制

1. 任务要求

控制要求：（1）接通电源，白灯亮；（2）按下启动按钮，系统运行，绿灯亮；（3）按下停止按钮，绿灯灭，红灯以 1 Hz 频率闪烁；（4）同时按下启动、停止按钮，蜂鸣器报警。

请选择合适的 PLC 完成对三层警示灯的控制，包括 PLC 型号选择、硬件线路设计、电气元件明细表制定、安装接线、软件编程和调试。

2. 学习目标

※ 会对项目进行分析，明确 PLC 输入元件和输出元件；
※ 了解 S7-1200 PLC 硬件类型，会查阅手册选择 PLC 型号；
※ 能提供 PLC 接线图，会进行按钮、指示灯、蜂鸣器类器件 PLC 硬件线路设计；
※ 会安装 TIA Portal 编程平台和使用该平台进行 S7-1200 PLC 程序设计与调试；
※ 能使用位逻辑指令进行程序设计和使用仿真软件进行程序仿真调试；
※ 学会 PLC 控制项目的分析、设计、实施、调试流程；
※ 学会按钮、指示灯颜色行业规范，学会分工协作和制订工作计划。

3. 实施路径

思路决定成效，实施 PLC 控制项目是有规律可循的。对于三层警示灯的 PLC 控制，其实施路径如图 1-1-2 所示。

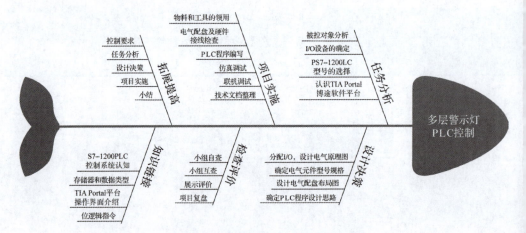

图 1-1-2　三层警示灯 PLC 控制实施路径

4. 任务分组

采用扑克牌分组法，4 人一组，对班级学生进行分组，4 人分别担任项目经理（组长）、电气设计工程师、电气安装员和项目验收员角色，模拟真实 PLC 控制项目实施过程。分组完成后，有序坐好，小组讨论制订组名、组训和小组 LOGO，营造小组凝聚力和文化氛围，并确定任务分工，项目经理完成表 1-1-1 的填写。

表 1-1-1　项目分组表

组名				小组 LOGO
组训				
团队成员	学号	角色指派	职责	
		项目经理	统筹计划、进度，安排和甲方对接，解决疑难问题	
		电气设计工程师	进行电气硬件线路设计、程序设计和编程调试	
		电气安装员	进行电气配盘，配合电气工程师进行调试	
		项目验收员	根据任务书、评价表对项目功能、乙方表现进行打分评价	

在任务实施过程中，采用班组轮值制度，学生轮值担任组长、电气设计工程师等角色，每个人都有锻炼组织协调项目管理、项目设计、项目安装调试和项目验收能力的机会。通过小组协作，培养学生团队合作、互帮互助的精神和协同攻关能力。

PLC 高级应用与人机交互	模块一 PLC 逻辑控制 项目一 多层警示灯 PLC 控制 信息页	完成者： 审核者： 日　　期：

1.2 任务分析

自动控制是指在没有人直接参与的情况下，利用外加的设备或装置（称控制装置或控制器，如 PLC、单片机、工控机等），<u>使机器、设备或生产过程（统称被控对象）</u>的某个工作状态或参数（即被控制量）自动地按照预定的规律运行。本书以 S7-1200 PLC 作为自动控制系统核心元件，即控制器。

1. 被控对象分析

实施 PLC 控制项目首先要根据项目要求明确被控对象。广义上来讲，被控对象是指受控的机械、电气设备、生产线或生产过程，如机床、各类自动线、污水处理装置等。

（1）本项目被控对象是＿＿＿＿＿＿＿。

（2）利用互联网搜集资料，查阅多层警示灯资料，绘制其接线示意图，描述工作原理。

接线示意图：

工作原理：＿＿＿＿＿＿＿＿＿＿＿＿＿＿＿＿＿＿＿＿＿＿＿＿＿＿＿＿＿＿＿＿＿

2. I/O 设备的确定

表面上看工业中被控对象千差万别，但实际上被控对象只有指示灯（包括蜂鸣器）、气缸（包括油缸）和电动机三类。气缸和电动机是为各类设备提供动力的执行元件，指示灯、蜂鸣器是提供报警、指示功能的执行元件。这三类元件通过不同的 PLC 外围器件或设备与 PLC 连接。

PLC 从本质上是一种工业控制的专用计算机，因此它的外围器件、设备、接口在许多方面都与计算机类似。通常与 PLC 输入、输出端子连接的外围器件或设备有按钮、开关、交流接触器、电磁阀、信号灯、传感器、变送器、变频器等，这些器件或设备，统称 I/O 设备，PLC I/O 设备连接示意图如图 1-1-3 所示。被控对象动作工艺流程取决于输入信号，即与 PLC 输入端连接的输入设备，如按钮、行程开关、传感器等。被控对象信号的通断取决于与 PLC 输出端连接的输出设备，如指示灯、接触器、电磁阀、蜂鸣器等。

本项目被控对象是多层警示灯，采用 24 V 直流供电，可与 PLC 输出端直接连接，直接作为 PLC 输出元件。其中发号施令的元件是启动、停止按钮，用作 PLC 输入元件。

（1）分析本项目输入、输出设备，完成表 1-1-2 的填写。

（2）被控对象一定是 PLC 的输出信号吗？举例说明。

警示灯介绍

(3) 多层警示器白色指示灯应该是 PLC 输出信号吗？为什么？

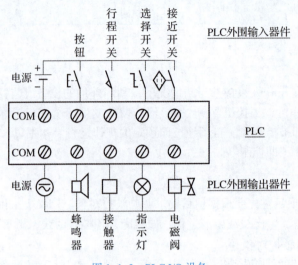

图 1-1-3　PLC I/O 设备

表 1-1-2　层警示灯 I/O 设备

输入信号				输出信号			
序号	输入设备	功能描述	信号类型	序号	输出设备	功能描述	信号类型
1				1			
2				2			
				3			

(4) 进行自动控制项目开发时，学会使用各种电气手册，掌握各电气元件的颜色含义、图形符号、文字代号是电气工程师必备的基本素质，查阅有关资料，完成表 1-1-3 的填写。

表 1-1-3　按钮、指示灯的颜色含义和图形符号

序号	电器元件名称	颜色含义	图形符号	文字代号
1	红色按钮			
2	绿色按钮			
3	红色指示灯			
4	绿色指示灯			
5	白色指示灯			
6	蜂鸣器	—		

3. S7-1200 PLC 型号的选择

与传统继电器控制不同，在 PLC 控制系统中，输入信号和被控对象之间没有硬件线路的直接关联，而是通过 PLC 内部的用户程序建立两者之间的逻辑联系。

(1) 回顾复习或扫描二维码，根据图 1-1-4 所示 PLC 系统构成图，简述 PLC 含义及其工作原理。

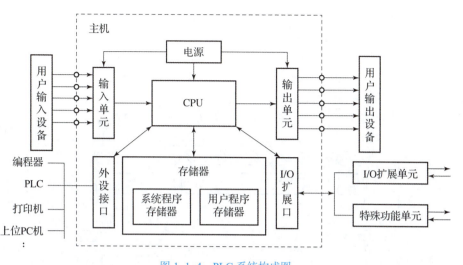

图 1-1-4 PLC 系统构成图

PLC 构成及原理

PLC 含义：_____

工作原理：_____

PLC 是控制系统的核心，种类繁多。本书使用在国内市场占有率较高、在中小型项目和单机设备中应用广泛的西门子 S7-1200 PLC 作为控制项目的核心。

根据已确定的 I/O 设备，统计需要 __2__ 个输入信号和 __3__ 个输出信号，全为数字量、24 V 电源供电，查阅西门子 S7-1200 PLC 选型手册，为多层警示灯控制项目选择一款合适的 PLC。

（1）根据电源类型、I/O 点数和成本最低原则，考虑便于今后调整和扩充，加上 10%~15% 的备用量，根据手册，确定 PLC 型号为：__CPU 1211C DC/DC/DC__。

（2）S7-1200 PLC 有 5 种不同型号，分别是 CPU 1211C、_____、_____、_____、CPU 1217C 等，完成表 1-1-4 相应 CPU 技术规范的填写。

表 1-1-4 S7-1200 CPU 技术规范

型号	物理尺寸/mm	用户存储器 ◆工作存储器 ◆装载存储器 ◆保持性存储器	本机集成 I/O ◆数字量 ◆模拟量	信号模块扩展	信号板	最大本地 I/O-数字量	最大本地 I/O-模拟量	过程映像大小	位存储器/M
CPU1211C		25 KB		无		14	3		4 096 字节
CPU1212C		1 MB		2	1 个	82	19		
CPU1214C		2 K							

S7-1200 PLC 选型手册

（3）每种型号的 PLC 有 DC/DC/DC、AC/DC/RLY 和 DC/DC/RLY 三种规格，表示供电电源、输入信号和输出形式的不同，写出 CPU 1211C DC/DC/DC 型号含义。

（4）PLC 输入、输出端子是与 I/O 设备"通话"的桥梁，即输入设备通过输入端子线路将信号传递给 CPU；CPU 运算结果通过输出端子将输出信号传递给输出设备，进而控制被控对象。CPU 1211C DC/DC/DC 端子接线图如图 1-1-5 所示，说明各端子功能。

模块一 PLC 逻辑控制 7

学习笔记

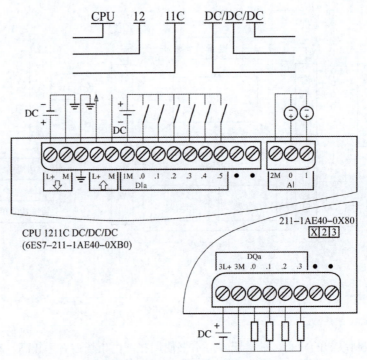

图 1-1-5　CPU 1211C DC/DC/DC 接线图

4. 认识 TIA Portal

程序是 PLC 输入、输出信号连接的桥梁，不同品牌 PLC 使用不同软件平台进行程序开发。S7-1200 PLC 编程软件为 TIA Portal，本书采用 TIA Portal V17.0 进行程序设计。扫码查看软件安装方法，并进行后面相关知识链接学习，对该软件有个初步认识。

Portal
TIA 安装

（1）TIA Portal 的含义是什么？

（2）使用 TIA Portal 软件进行简单启保停程序编写的基本过程是什么？

（3）PLC 硬件组态的含义是什么？

（4）如何设置 PLC 和计算机的 IP 地址？

（5）写出 PLC 程序设计中最常用的三个位逻辑指令符号和含义。
常开指令：_____　　常闭指令：_____　　线圈指令：_____
（6）使用上面三个指令写出点动、启保停 PLC 控制程序。
点动程序：_____
启保停程序：_____

👍👍👍恭喜你，完成任务分析，明确被控对象、I/O 设备、PLC 型号，初步学会编程软件的使用。接下来，将进行设计决策，进行硬件线路设计和程序的构思。

1.3 设计决策

1. 分配 I/O 地址，设计电气原理图

进行 PLC 控制系统设计的首要环节是为输入、输出设备分配 I/O 地址，即为输入、输出信号在 PLC 内部分配存储空间。多层警示灯输入、输出信号均为数字量，其通、断状态通过输入、输出端口可映射（存储）到 PLC 输入过程映像存储器 I 和输出过程映像存储器 Q 中，在 PLC 内部以布尔型（或位）变量的形式存储。

（1）查阅 PLC 存储器资料，说明表 1–1–2 中输入、输出信号在 PLC 内部以什么样的形式存储？存放在 PLC 的哪种存储器中？

（2）为输入、输出设备分配 I/O 地址，编制输入、输出分配表 1–1–5。

表 1–1–5 多层警示灯 PLC 控制 I/O 分配表

输入端口				输出端口			
序号	输入地址	元件名称	符号	序号	输出地址	元件名称	符号

（3）根据 I/O 分配表，结合 CPU 1211C DC/DC/DC 接线图，模仿、补充完成多层警示灯电气原理图的设计，如图 1–1–6 所示。注意：多层警示灯虽然是一个电气设备，但它实际上是由多个电气元件构成的。

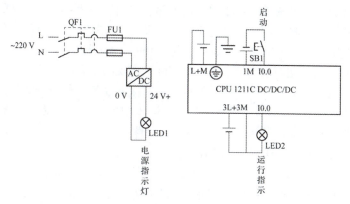

图 1–1–6 多层警示灯 PLC 控制电气原理图

2. 确定电气元件型号规格

根据电气原理图，上网搜集查阅资料，填写表 1–1–6，完成电气元件规格型号、数量

学习笔记

的确定。在实际工程项目中，还需要完成价格的确定。

表 1-1-6　电气元件明细表

序号	元件名称	规格型号	符号	单位	数量	备注

3. 电气配盘布局图设计

电气元件的规格型号决定了电气元件的大小尺寸。根据表 1-1-6 进行电气配盘布局图设计。在实际工作中，电气配盘布局图是进行配电柜设计的依据，其尺寸决定了配电柜的规格大小。因此，设计电气配盘布局图的目的是便于后面进行配盘接线。

电气配盘布局图：

配盘布局
示意图

4. PLC 程序设计思路的确定

PLC 程序是控制系统的灵魂。在工程实践中，进行 PLC 程序设计的方法有多种，如经验法、逻辑设计法、顺序功能图法。这些方法的使用，因各个设计人员的技术水平和喜好不同而差异很大。多层警示灯控制项目要求简单，可采用经验设计法。

经验设计法是在一些典型控制电路如启保停、点动控制等基础上，根据被控对象的具体要求，凭经验进行选择、组合，最终完成程序设计。有时，为了得到一个满意的设计结果，需要多次调试和修改，增加一些辅助触点和中间编程元件。

程序设计
思路介绍

根据被控对象的控制要求，绿色指示灯实际上实现的是启保停控制。因此，其只需要一个启保停程序段即可完成。红色指示灯也属于启保停控制，只是需要在启保停控制的基础上增加一个 1 Hz 的脉冲信号，实现红灯的闪烁。1 Hz 脉冲信号通过设置 PLC 的硬件属性，启用系统时钟来实现。蜂鸣器的控制与红灯类似。

（1）如何设置 1 Hz、2 Hz 时钟存储器？

（2）根据已有经验，简要写出多层警示灯的 PLC 控制程序。

👍👍👍恭喜你，完成硬件线路图的设计、元件的选择、配盘的布局和程序设计思路的确定。接下来，进入项目实施，验证设计决策是否可行、是否可达成项目控制要求。

1.4 项目实施

1. 物料和工具领取

根据实验室配置,填写表 1-1-7,领取工具和物料。

表 1-1-7 电工工具领料表

序号	工具或物料名称	规格型号	数量	备注
1				
2				
3				
4				
5				

2. 电气配盘

根据多层警示灯 PLC 电气原理图,电气安装员按照完成电气配盘工艺的要求,完成硬件连接任务。

（1）根据配盘布局图划线。
（2）切割线槽。
（3）电气元件安装。
（4）电源电路连接。
（5）输入电路连接。
（6）输出电路连接。
（7）配电盘输入端子排与按钮盒连接。
（8）配电盘输出端子排与按钮盒连接。
记录实际操作过程中遇到的问题和解决措施。
出现的问题：　　　　　　　　　　解决措施：

配盘及检查

3. 硬件接线检查

硬件安装完毕,电气工程师自检,确保接线正确、安全,检查内容顺序如下。

（1）断电检查,确保接线安全。

使用万用表欧姆挡,检查电源接线是否正确,包括配电盘总电源、24 V 电源、地线等,确保没有短接,按照表 1-1-8 进行自检。

表 1-1-8　断电自检情况记录

序号	检测内容	自检情况	备注
1	220 V 火线和零线是否短路		
2	24 V 电源正负极之间是否短路		
3	三相电两两之间是否短路		
4	三相火线和零线之间是否短路		
5	三相火线和地线之间是否短路		

（2）通电检查，确保接线正确。

首先，从 24 V 电源正、负极端引接两根测试线，然后使用这两根测试线对 PLC 输入、输出点逐一进行检测，确保 PLC 输入、输出电路连接正确。其次，接通配电盘电源，按照表 1-1-9 进行检测。

表 1-1-9　通电测试

序号	检测内容	自检情况	备注
1	目测电源指示灯是否亮		
2	目测 24 V 电源是否亮		
3	目测 PLC 电源是否亮		
4	如 PLC 输入是共阳极接法，则使用 24 V 正极引线逐一点动接触输入点，观察输入点是否亮		
5	如 PLC 输入是共阴极接法，使用 24 V 负极引线逐一点动接触输入点，观察输入点是否亮		
6	使用 24 V 电源正极引线逐一点动接触 PLC 输出点，观察输出外接设备是否工作		
7	操作按钮盒按钮，检查 PLC 输入点是否工作		

4. PLC 程序编写

使用 TIA Portal 软件平台，根据控制要求和设计的程序流程，完成多层警示灯程序的编写，主要步骤如下。

（1）新建工程项目

双击打开 Portal 软件，根据向导，按照如图 1-1-7 所示步骤新建一个工程项目，项目命名为 "Project1"，或者其他名称，中文名称也可以。项目可以使用默认目录，也可自行创建或选择一个文件目录。可以在注释栏填写关于项目的简要介绍，在作者栏填写开发者信息，也可使用默认设置。

（2）进入项目视图

创建工程项目后，会弹出新手上路对话框，如图 1-1-8 所示，对话框内包含了新建项目要进行的相关工作，包括组态设备和创建 PLC 程序等。单击底部或左下角 "项目视图"，直接打开编程界面即可。

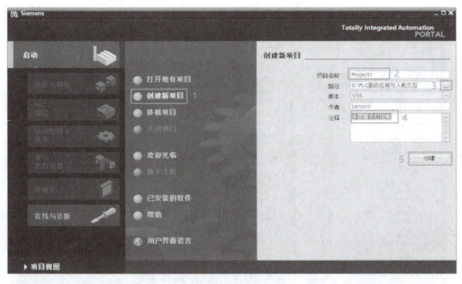

图 1-1-7 新建工程项目

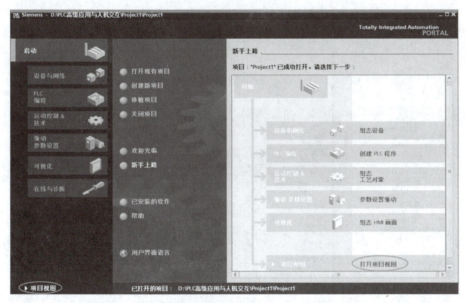

图 1-1-8 新手上路对话框

（3）进行硬件组态

硬件组态是在 TIA Portal 软件平台项目视图中，根据前面内容选择的 PLC 型号、订货号，订货号在 CPU 模块右侧面标牌上。添加 PLC 硬件，进行 PLC、本地计算机 IP 地址设置，如图 1-1-9 所示，确保两个设备在同一个网段；必要时设置 PLC 的 CPU 属性进行相关功能的设置。

同时，配置 PLC 属性，启用 PLC 时钟功能，将 MB0 字节定时为时钟存储器，其中 M0.5 即为秒脉冲，操作步骤如图 1-1-10 所示。

启用 S7-1200 PLC 时钟存储器时，时钟存储器字节的地址是可以更改的，这与原来 S7-200PLC 是不同的，并且在 S7-1200 PLC 中，不存 SM 存储器，用户可根据需要随意定义某个 M 字节来充当系统时钟存储器，系统存储器的定义也是如此。

学习笔记

硬件组态详解

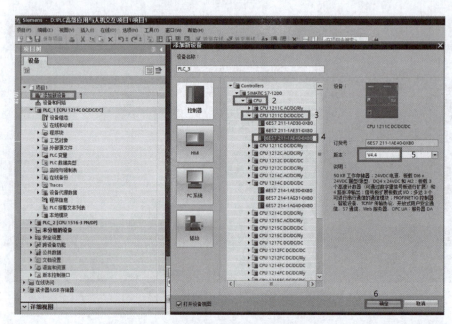

图1-1-9 添加PLC（硬件组态）步骤

系统和时钟存储器

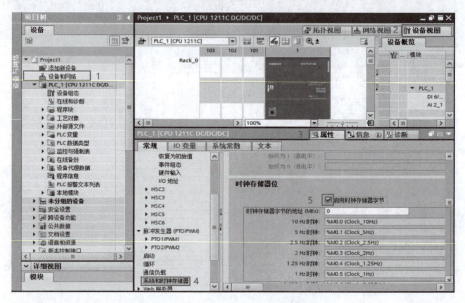

图1-1-10 S7-1200 PLC系统时钟设定步骤

（4）添加多层警示灯控制PLC变量表

　　PLC变量是I/O和地址的符号名称。编程时，如果直接使用I/O分配表中的地址如（I0.0）进行程序编写，系统将默认为其命名为Tag1，并添加到默认变量表中，如图1-1-11所示。双击默认变量表，会看到默认添加的所有变量。在编写程序之前，一般根据I/O分配表，自定义、添加PLC变量表，为输入、输出信号命名，PLC变量定义原则上使用英文或汉语拼音命名。多层警示灯控制PLC变量表定义示例如图1-1-12所示。创建PLC变量表后，项目中的所有编辑器（例如程序编辑器、设备编辑器、可视化编辑器和监视表格编辑器）均可访问该变量表。

14　■ PLC高级应用与人机交互

图 1-1-11 PLC 变量

图 1-1-12 PLC 变量表定义参考

PLC 变量表的定义

（5）PLC 程序编写

根据程序设计思路，整个程序可由 4 个程序段组成，每个程序段分别对应控制要求中的一项任务描述，如图 1-1-13 所示。仔细查看每个程序段的逻辑，会发现该程序是在启保停 PLC 程序、点动 PLC 程序的基础上转化而来的。

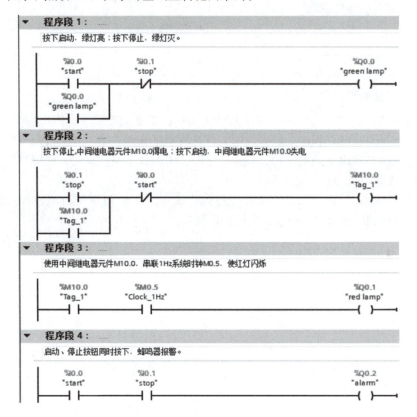

图 1-1-13 程序段对应的控制要求

5. 仿真调试

大多数 PLC 编程软件都有离线仿真功能，Portal 软件的仿真软件是 S7-PLCSIM，安装 Portal 时，可同时安装该软件，安装过程请扫描二维码观看。利用 PLC 仿真软件可以在计算机上进行 PLC 程序的模拟运行，有效检验程序设计的正确性，也可在没有 PLC 硬件的情况下，利用仿真软件进行 PLC 编程的学习。

S7-PLC SIM 安装

模块一 PLC 逻辑控制 15

多层警示灯程序编写完毕后,在项目树最顶层项目名称(如 Project1)处单击鼠标右键,选择"属性",在弹出的界面中选择"保护",选中"块编译时支持仿真"复选框,单击"确定"按钮,然后单击工具栏中的编译按钮 ![], 进行编辑,再单击仿真按钮 ![], 即可进行 PLC 程序的仿真了。

多层警示灯程序仿真过程操作请扫描二维码,根据演示步骤,进行仿真调试,查看仿真运行结果是否和控制要求拟实现的结果一致,如果不一致,则需进行修改完善。仿真过程中,记录出现的问题和解决措施。

出现问题: 解决措施:
_____ _____
_____ _____

仿真操作演示

6. 硬件连接,联机调试。

使用网线将本地电脑与 PLC 连接,接通电源。然后单击工具栏中的下载按钮 ![], 将程序下载到真实 PLC 中,进行联机调试。根据控制要求,按下启动、停止按钮,记录调试过程中出现的问题和解决措施。

出现问题: 解决措施:
_____ _____
_____ _____

联机调试

7. 技术文档整理。

按照项目需求,整理出项目技术文档,主要包括控制工艺要求、I/O 分配表、电气原理图、配盘布局图、PLC 程序、操作说明、常见故障排除方法等。该项目是一个简单 PLC 控制项目,无须整理出复杂的文档,扫描二维码,根据技术文档案例,简单整理出警示灯的 PLC 控制技术文档。

👍👍👍恭喜你,已完成项目实施,完整体验了实施一个 PLC 项目的过程。如程序设计、仿真或联机调试环节遇到问题,则可扫码核对。

技术文档样例

PLC 高级应用与人机交互 | 模块一 PLC 逻辑控制
项目一 多层警示灯 PLC 控制
检查评价页

1.5 检查评价

1. 小组自查，预验收

根据小组分工，项目经理和项目验收员根据项目要求和电气控制工艺规范，进行预验收，填写表 1-1-10 中的预验收记录。

表 1-1-10 预验收记录

项目名称			组名	
序号	验收项目	验收记录	整改措施	完成时间
1	外观检查			
2	功能检查			
3	电气元件布局规范性检查			
4	布线规范性检查			
5	技术文档检查			
6	其他			
预验收结论：				
签字：		时间：		

2. 项目提交，验收。

组内验收完成，各小组交叉验收，填写验收报告，见表 1-1-11。

表 1-1-11 项目验收报告

项目名称		建设单位	
项目验收人		验收时间	
项目概况			
存在问题		完成时间	
验收结果	主观评价	功能测试	施工质量	材料移交

3. 展示评价

各组展示作品，介绍任务完成过程、制作过程视频、运行结果视频、整理技术文档并提交汇报材料，进行小组自评、组间互评和教师评价，完成考核评价表1-1-12。

表 1-1-12　考核评价表

序号	评价项目	评价内容	分值	自评 30%	互评 30%	师评 40%	合计
1	职业素养 30分	分工合理，制订计划能力强，严谨认真	5				
		爱岗敬业、安全意识、责任意识和服从意识	5				
		团队合作、交流沟通、互相协作、分享能力	5				
		遵守行业规范、现场6S标准	5				
		主动性强，保质保量完成工作页相关任务	5				
		能采取多样化手段收集信息、解决问题	5				
2	专业能力 60分	电气图纸设计正确、绘制规范	10				
		电气接线牢固、电气配盘合理、美观、规范	10				
		施工过程严肃认真、精益求精	10				
		程序设计合理、熟练	10				
		项目调试结果正确	10				
		技术文档整理完整	10				
3	创新意识 10分	创新性思维和行动	10				
	合计		100				
评价人签名：			时间：				

4. 项目复盘

（1）PLC 控制项目基本过程

无论项目简单还是复杂，PLC控制项目设计与实施的基本内容都是类似的，主要步骤包括。

1）分析任务需求，填写 I/O 分配表。

💡 多层警示灯控制系统共需要_____个输入信号和_____个输出信号，这些信号全为_____量，_____V电源供电。

2）根据 I/O 分配表，查阅 PLC 手册，选择 PLC 型号。

💡 依据成本最低，输入、出点数比实际需求多1/3的原则，PLC型号可以选择_____或_____。

3）根据选择的 PLC 型号，设计控制系统电气原理图。

PLC 控制系统电气原理图一般包括三部分：电源电路、主电路和控制线路。电源电路为系统提供 380 V、220 V 交流电或 24 V 直流电；主电路一般在有电动机的情况下才涉及，是给电动机供电或控制电动机调速、制动等的电路；控制线路以 PLC 为核心，是 PLC 的输入、输出连接线路，当然也包括 PLC 的电源连接线路。如图 1-1-14 所示。

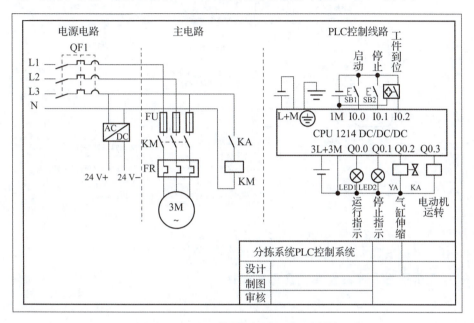

图 1-1-14　PLC 控制电气原理图基本结构

4）根据电气原理图，进行电气元件的选择和配电柜设计。

警示灯控制项目简单，只需要利用实验板进行接线调试即可，真实的工业项目需要进行配电柜设计，详见模块五。

5）领取或购买电气元件，制作配电柜，进行硬件接线及检查。

6）编程调试。

根据完成的多层警示灯程序设计的过程，写出使用 Portal 软件进行 PLC 程序设计的基本步骤。

（2）**总结归纳**

通过多层警示灯 PLC 控制项目设计和实施，对所学、所获进行归纳总结。

（3）**闯关自查**

多层警示灯 S7-1200 PLC 控制项目相关的知识点、技能点梳理如图 1-1-15 所示，对照检查是否掌握了相关内容。如果掌握，则为下一项目的学习、实施奠定良好的基础。

模块一　PLC 逻辑控制　19

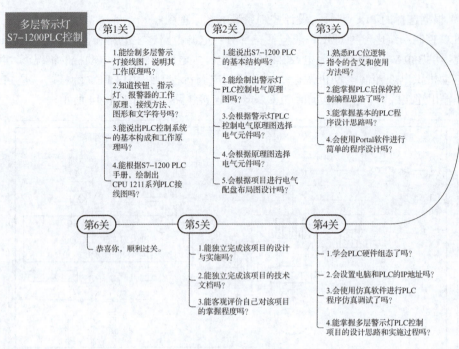

图1-1-15 评估检查图

(4) 存在问题／解决方案／优化可行性

(5) 激励措施

👍👍👍恭喜你,完成检查评价和技术复盘。通过一个简单的PLC控制项目,了解了进行PLC控制项目设计、实施和检查的基本流程。一定要熟练掌握第一个项目,领会其精华,这会使今后的每一个项目完成起来得心应手。

工业中被控对象、设备千变万化,但是进行PLC控制项目的基本流程是类似的,让我们走进拓展提高环节,领略PLC的灵活性吧。

PLC 高级应用与人机交互	模块一 PLC 逻辑控制 项目一 多层警示灯 PLC 控制 拓展页	学生： 班级： 日期：

1.6 拓展提高

恭喜成功闯关第 1 个项目，现项目提出新的需求，要求在原来功能的基础上增加手动、自动切换开关和黄色指示灯，控制要求如下：自动模式下，完成项目一相关控制要求；手动模式下，按下启动按钮，黄色指示灯闪烁，时间间隔 2 Hz。

1. 任务分析

（1）分析本项目 I/O 设备，完成表 1-1-13 输入、输出信号的填写。

表 1-1-13 输入、输出信号

输入信号				输出信号			
序号	元件名称	功能描述	信号类型	序号	元件名称	功能描述	信号类型
1				1			
2				2			
3				3			
4				4			

（2）本项目增加了____个输入信号和____个输出信号，项目一中选用的 PLC 还可以继续使用吗？（　　　　）

（3）选用 PLC 型号时，考虑留有 10%~15% 的备用点是否应该？如果留有的备用点还不够用，是需要重新更换 PLC，还是增加扩展模块？查阅 PLC 手册，查找 CPU1211 最多可以扩展多少个模块？

（4）该项目如果选择 PLC 型号为 CPU 1211C AC/DC/RLY，可否完成预设功能？相应的 PLC 电气原理图会发生什么变化？查阅 CPU 1211C AC/DC/RLY 接线图进行说明。

2. 设计决策

（1）填写 I/O 分配表（见表 1-1-14）

表 1-1-14 I/O 分配表

输入端口				输出端口			
序号	输入地址	元件名称	符号	序号	输出地址	元件名称	符号

续表

输入端口				输出端口			
序号	输入地址	元件名称	符号	序号	输出地址	元件名称	符号

（2）电气原理图设计

根据补充完善图 1-1-3 所示多层警示灯 PLC 控制电气原理图，手绘完成拓展项目电气原理图的设计。

1）与上个项目相比，电气原理图设计有哪些不同？你感受到 PLC 电气控制线路设计的方便快捷了吗？

2）PLC 控制电气原理图的主要构成包括哪些？指示灯一般可以直接连接到 PLC 的输出端，对于气缸或油缸、电动机，可否直接连接到 PLC 输出端，说明原因。

3）拓展项目电气配盘布局图需要发生变化吗？

3. 项目实施

（1）根据电气原理图，在项目一电气配盘的基础上进行手自动选择开关、黄色指示灯线路的连接。

（2）使用经验设计法，完成拓展项目编程和调试。

1）添加了手自动切换按钮，程序设计时会发生哪些变化？

2）尝试使用帮助文件，查阅 FC 块的使用来优化该程序，写出什么是 FC？FC 是子程序吗？

FC 介绍

拓展项目详解

4. 小结

通过拓展项目，你有什么新的发现和收获？请写出来。

👍👍👍恭喜你，举一反三，完成了 PLC 控制系统设计的进一步强化。但是，PLC 功能十分强大，需要不断用知识武装大脑，才能面对任何工控项目做到游刃有余。下面我们进入 PLC 知识链接的天地，以深化与提升前面学到的知识和技能。

1.7 知识链接

一、S7-1200 PLC 控制系统认知

西门子 S7 系列 PLC 产品有 S7-200、S7-200 smart、S7-1200、S7-300、S7-400、S7-1500 等，原产品系列包括 S7-200、S7-300、S7-400。其中，S7-200 smart 是西门子为中国客户量身定制的一款高性价比小型 PLC 产品，是 S7-200 的替代产品。S7-200 是小型 PLC，采用 STEP7-Micro/Win 软件编程；S7-300 和 S7-400 为中、大型 PLC，采用 STEP7 编程软件，要进行硬件组态。

随着工业互联网技术的发展，S7-200、S7-300 逐渐被 S7-1200、S7-1500 PLC 所取代。S7-1200 适用于中、小型控制系统，而 S7-1500 应用于中、高端控制系统，适合较复杂的控制，一般用于上位机。在 S7 系列 PLC 中，除了 S7-200、S7-200 smart 外，S7-1200、S7-300、S7-400、S7-1500 PLC 都可在 TIA Portal 软件中进行项目的开发、编程、集成和仿真，即可以在同一个开发环境下组态开发 PLC、人机界面（WinCC）和驱动系统等，并可通过仿真软件（S7-PLC SIM）进行项目的离线仿真、监控和调试。

本书采用 S7-1200 PLC。与 S7-200 相比，S7-1200 PLC 由紧凑模块化结构组成，系统 I/O 点数、内存容量比 S7-200 多出 30%，其控制功能强大、编程资源丰富、通信方式多样灵活、开发环境高效。

1. S7-1200 PLC 控制系统构成

S7-1200 PLC 采用模块化设计和大规模集成技术，提供了灵活多样的功能来控制各类设备。一个基本 PLC 控制系统由 CPU、I/O 模块、通信模块、HMI、编程软件、输入设备和执行器件（输出设备）等外围设备组成，如图 1-1-16 所示。

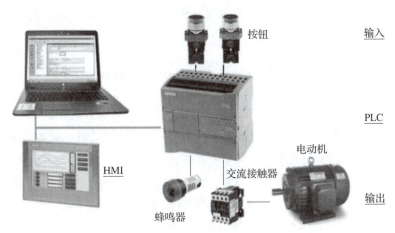

图 1-1-16　PLC 控制系统的构成

PLC通过输入模块采集输入设备（按钮、传感器等）信号，传递给CPU，CPU经程序处理，将逻辑结果通过输出模块输出给执行元件，执行元件动作（如指示灯、蜂鸣器）或执行元件驱动最终被控对象工作（如交流接触器驱动电动机运转）；同时，CPU可通过通信模块上的通信接口将数据上传到HMI中进行数据管理，例如对过程数据的归档和查询、报警信息记录等；计算机也可通过通信接口将程序、触摸屏画面下载到PLC和HMI中。

（1）S7-1200 PLC组成及性能

S7-1200 PLC由通信模块、CPU、信号板、信号模块组成，如图1-1-17所示。

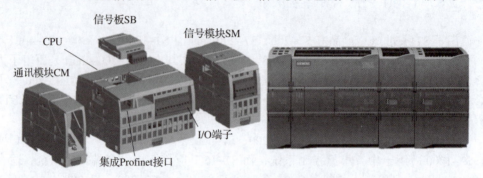

图1-1-17　S7-1200 PLC结构组成和实物

1）CPU模块（Central Process Unit）。CPU是PLC的核心，相当于控制器的大脑。可以安装一块信号板SB，集成Profinet接口，用于与编程计算机、HMI、其他PLC或其他设备通信。

2）信号模块SM（Signal Model）。DI、DQ、AI、AQ模块统称为信号模块SM，安装在CPU模块右边，最多可以扩展8个信号模块。输入模块用来接收和采集输入信号，输出模块用来控制输出设备和执行器。信号模块除了传递信号外，还有电平转换与隔离的作用。

3）通信模块CM（Communication Model）。通信模块安装在CPU模块的左边，最多可以安装3块通信模块。

（2）HMI精简系列面板

第二代精简系列面板与S7-1200配套，用Portal软件的WinCC模块进行组态、开发人机交互用户界面，通过操作触摸用户界面屏幕，即可实现与PLC之间数据的传递，具体将在模块二作详细介绍。

（3）编程软件

编程软件TIA Portal（Totally Integrated Automation Portal）是西门子自动化的全新工程设计软件平台。TIA Portal软件将全部自动化组态设计工具完美地整合在一个开发环境之中。这是软件开发领域的一个里程碑，是工业领域第一个带有"组态设计环境"的自动化软件。S7-1200 PLC用TIA Portal中的STEP 7 Basic或STEP7 Professional编程。

2. S7-1200PLC中央处理器（CPU）模块

作为PLC的核心，CPU将微处理器、集成电源、输入电路和输出电路组合到一个设计紧凑的外壳中，形成功能强大的整体式S7-1200 PLC。下载用户程序后，CPU包含监控应用中设备所需的逻辑，根据用户程序的逻辑来监视输入并更改输出，这些逻辑包括布尔逻辑、计数定时、数学运算及与其他智能设备通信等。

（1）CPU 技术规范

S7-1200 PLC 具有 5 种不同的型号，分别是 CPU 1211C、CPU 1212C、CPU 1214C、CPU 1215C、CPU 1217C 等，其性能参数、技术规范如表 1-1-15 所示。

表 1-1-15 S7-1200 CPU 性能参数、技术规范表

特性	CPU 1211C	CPU 1212C	CPU 1214C	CPU 1215C	CPU 1217C
外形					
本机数字量 I/O 点数	6入/4出	8入/6出	14入/10出	14入/10出	14入/10出
本机模拟量 I/O 点数	2入	2入	2入	2入/2出	2入/2出
工作存储器/装载存储器	50 KB/1 MB	75 KB/2 MB	100 KB/4 MB	125 KB/4 MB	150 KB/4 MB
信号模块扩展个数	无		2		8
最大本地数字量 I/O 点数	14		82		284
最大本地模拟量 I/O 点数	13	19	67		69
高速计数器	最多可以组态 6 个使用任意内置或信号板输入的高速计数器				
脉冲输出（最多 4 点）	100 kHz	100 kHz/30 kHz	100 kHz/30 kHz		1 MHz/30 kHz
上升沿/下降沿中断点数	6/6		8/8		12/12
脉冲捕获输入点数	6		8		14

（2）S7-1200 PLC CPU 的共性

1）中低端紧凑型控制器，大规模集成，节省空间，功能强大；可以使用梯形图（LAD）、函数块图（FDB）和结构化控制语言（SCL）3 种编程语言。

2）集成最大 150 KB 的工作存储器、最大 4 MB 的装载存储器和 10 KB 的保持性存储器；实时时钟的保存时间通常为 20 天，40 ℃时最少为 12 天。

3）集成数字量输入电路的输入类型为漏型/源型，DC 24 V，4m A。继电器输出可用于直流交流电压，2 A。场效应管输出 DC 24 V，0.5 A。

4）最多 4 路脉冲输出、2 点集成的模拟量输入（0~10 V），10 位分辨率。

5）集成的 DC 24 V 电源可供传感器、编码器和输入回路使用。

6）集成高速计数与频率测量、高速脉冲输出、PWM 控制、运动控制和 PID 控制等工艺功能。

7）CPU 1217C 有 4 点最高频率为 1 MHz 的高速计数器。其他 CPU 有最高频率为 100 kHz（单相）/80 kHz（互差 90°的正交相位）或 30 kHz/20 kHz 的高速计数器。信号板的最高计数频率为 200 kHz/160 kHz。CPU 1217 支持最高 1 MHz 的脉冲输出，其他 DC 输出的 CPU 本机最高 100 kHz，信号板 200 kHz。

8）集成的 Profinet 接口，Profinet 是基于工业以太网的现场总线，CPU 集成的 Profinet 接口可以与计算机、其他 S7 CPU、Profinet I/O 设备和使用标准的 TCP 协议的设备通信。支

持 TCP/IP、ISO-on-TCP、UDP 和 S7 通信协议，速率达 10 Mbit/s/100 Mbit/s。RJ45 连接器具有自动交叉网线功能，支持最多 23 个以太网连接。

9）所有 CPU 都可用于单机、网络及分布式结构，安装、编程和操作极为简便。

10）集成式 Web 服务器，带有标准和用户特定 Web 页面。

11）灵活的扩展设备，包括可直接用于控制器的信号板卡、通过 I/O 通道对控制器进行扩展的信号模块和附件，附件如电源、开关模块或 SIMATIC 存储卡等。

（3）S7-1200 PLC CPU 版本

S7-1200 PLC，每种型号的 CPU 又分为标准型、故障安全型和 SIPLUS S7-1200，标准型 CPU 类型、订货号可扫描二维码下载。

3. S7-1200 系列 PLC 的扩展功能

当 CPU 集成的数字量不够用，需要增加模拟量输出、输入和多台设备间网络通信或有其他特殊需求时，需要为 PLCCPU 模块增加拓展模块。S7-1200 PLC 扩展模块主要包括以下几种。

（1）信号板（SB）

CPU 正面可以安装一块信号板，有 4DI、4DQ、2DI/2DQ、热电偶、热电阻、1AI、1AQ、RS485 信号板和电池板。DI、DQ 信号板的最高频率为 200 kHz。如图 1-1-18 所示。

图 1-1-18 信号板外形结构及安装示意图

（2）信号模块（SM）

1）数字量 I/O 模块：可选用 8 点、16 点 DI 或 DQ 模块，以及 8DI/8DQ、16DI/16DQ 模块。DQ 模块有继电器输出和 DC 24 V 输出两种。

2）模拟量 I/O 模块：AI 模块用于 A-D 转换，AQ 模块用于 D-A 转换。有 4 路、8 路的 12 位 AI 模块和 4 路的 16 位 AI 模块；双极性模拟量满量程转换后对应的数字为 -27 648~27 648，单极性模拟量转换后为 0~27 648；有 4 路、8 路的热电偶模块和热电阻模块；可选多种量程的传感器，分辨率为 0.1 ℃ /0.1 ℉，15 位 + 符号位；有 2 路和 4 路的 AQ 模块和 4AI/2AQ 模块。

（3）通信模块（CM）

1）PROFIBUS 通信与通信模块：有 PROFIBUS-DP 主站模块 CM 1243-5 和 DP 从站模块 CM 1242-5。

2）点对点（PtP）通信与通信模块：点对点串行通信模块 CM 1241 可执行 ASCII、USS 协议及 Modbus RTU 主站协议和从站协议。

3）AS-i 通信与通信模块：AS-i 是执行器传感器接口，CM 1243-2 为 AS-i 主站模块。

4）远程控制通信与通信模块：使用 GPRS 通信处理器 CP 1242-7，可以实现监视和控制的简单远程控制。

5）I/O-Link 主站模块：I/O-Link 是 IEC 61131-9 中定义的用于传感器 / 执行器领域的点对点通信接口。I/O-Link 主站模块 SM 1278 用于连接 I/O-Link 设备，它有 4 个 I/O-Link 端口。

4. S7-1200 PLC CPU 结构和接线

S7-1200 PLC CPU 外形结构如图 1-1-19 所示，包括电源接口、输入 / 输出接口、模拟量接口、SIM 卡插槽、状态指示灯等。其带有集成 Profinet 端口，用于与编程计算机、HMI、其他 PLC 以及带以太网的设备通信，还可使用附加模块，通过 PROFIBUS 接口、RS-485 接口等与其他设备进行通信。CPU 1215C 和 CPU 1217C 有两个带隔离的 Profinet 端口，其他 CPU 只有一个，传输速率为 10 Mbit/s/100 Mbit/s。

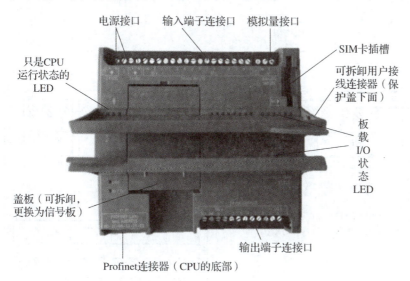

图 1-1-19　S7-1200 PLC 整体式 CPU 模块外形结构

（1）S7-1200 PLC 的安装

S7-1200 PLC 的 CPU、SM 和 CM 模块可以方便地安装到标准 DIN 导轨，安装方法可扫描二维码，安装和接线时要注意以下几点。

1）可以将 S7-1200 水平或垂直安装在面板或标准导轨上。垂直安装时，允许的最大环境温度要比水平安装方式降低 10°C，要确保 CPU 被安装在最下面。

2）S7-1200 采用自然冷却方式。安装时要确保其安装位置的上、下部分与临近设备之间至少留出 25 mm 的空间，并且 S7-1200 与控制柜外壳之间的距离至少为 25 mm（安装深度）。

3）在安装和移动 S7-1200 模块及其相关设备时，一定要切断所有的电源。

4）使用正确的导线规格，采用 0.50~1.50 mm^2 的导线。

5）尽量使用短导线（最长 500 m 屏蔽线或 300 m 非屏蔽线），导线要尽量成对使用，用一根中性或公共导线与一根热线或信号线相配对。

6）将交流线和高能量快速开关的直流线与低能量的信号线隔开。

7）针对闪电式浪涌，安装合适的浪涌抑制设备。

8）外部电源不要与 DC 输出点并联用作输出负载，这可能导致反向电流冲击输出，除非在安装时使用二极管或其他隔离栅。

（2）S7—1200 PLC 硬件接线

如表 1-1-15 所示，S7-1200 PLC 每款 CPU 有 DC/DC/DC、DC/DC/RLY 和 AC/DC/RLY 三种型号规格，3 种版本的接线端子及外部接线图基本类似，分别如图 1-1-5、图 1-1-20 和图 1-1-21 所示。下面以 CPU 1214C、CPU 1215C 型号为例介绍 S7-1200 PLC 的端子排构成及外部接线。

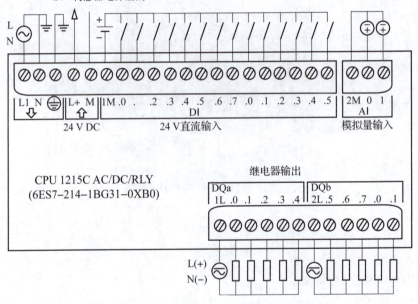

图 1-1-20　CPU 1214C AC/DC/RLY 接线图

1）电源端子。

AC/DC/RLY 型的 CPU 1215C 为交流供电，L1、N 端子是电源输入端子，一般直接使用交流电 AC 120～240 V，L1 端子接交流电源相线，N 端子接交流电源的中性线。DC/DC/RLY 与 DC/DC/DC 型为直流供电，标有朝里箭头的 L+、M 端子，电源的输入端子一般使用 DC 24 V。

2）传感器电源端子。

CPU 上标有朝外箭头的 L+、M 端子为输出 24 V 直流电源，为输入电气元件和扩展模块供电。注意不要将外部电源接至此端子，以防损坏设备。

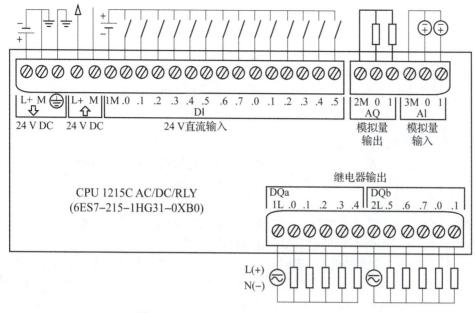

图 1-1-21　CPU 1215C DC/DC/RLY 接线图

3）输入端子。

DI（0~7）、DI（0~5）为输入端子，1 214 以上 CPU 共 14 个输入点。1M 为输入端子的公共端，可接直流电源负端（源型输入）或正端（漏型输入）。DC 输入端子若连接交流电源，则将会损坏 PLC。S7-1200 PLC 所有型号 CPU 都有两路模拟量输入端子，可接收外部传感器或变送器输入的 0~10 V 电压信号或 4~20 mA 电流信号，AI0 和 AI1 端子连接输入信号的正端，2M 或 3M 端子连接输入信号的负端。

4）输出端子。

DQa（0~7）、DQ（0~1）为输出端子，共 10 个输出点，输出类型分为继电器输出和晶体管输出，继电器输出型可以接交流或直流负载，晶体管输出型只能接直流负载。图 1-1-18 和图 1-1-19 所示为继电器输出，每 5 个一组，分为两组输出，每组有一个对应的公共端子 1L、2L，使用时注意同组的输出端子只能使用同一种电压等级，其中 DQ（0~4）的公共端子为 1L，DQ（5~7）和 DQ（0~1）的公共端子为 2 L。图 1-1-5 所示为晶体管输出，3L+ 连接外部 DC 24 V 电源正端，3M 连接公共端 DC 24 V 电源负端，由于连接外部 PLC 输出端子的驱动负载能力有限，故要注意相应的技术指标。CPU 1215C、CPU 1217C 还有两路模拟量输出端子，可输出两路 0 ~20 mA 的电流，其中 AQ0 和 AQ1 端子连接输出信号的正端，2 M 端子连接输出信号的负端。

二、存储器和数据类型

1. 存储器管理

S7-1200 PLC 提供了以下用于存储用户程序、数据和组态的存储器。

1）装载存储器：用于非易失性地存储用户程序、数据和组态信息，断电后能保持，位于存储卡或 CPU 中，类似于计算机硬盘。项目被下载到 CPU 后，首先将程序保存在装载存储区中。存储卡存储空间比 CPU 内置存储器空间大。

2）工作存储器：易失性存储器，类似于计算机内存，用于执行用户程序时存储用户项目的某些内容。CPU 会将一些项目内容从装载存储器复制到工作存储器中。工作存储器中的内容在断电时丢失，而在恢复供电时由 CPU 恢复。

3）保持性存储器：用于非易失性地存储限量的工作存储器值。在断电过程中，CPU 使用保持性存储区存储所选用户存储单元的值。如果发生断电或掉电，则 CPU 将在上电时将恢复这些保持性值。

2. 系统数据存储区

编写 PLC 程序需用到编程软元件，这些编程软元件就是数据存储区。CPU 提供了几种存储方式，可让用户程序对这些存储区数据进行读写访问，主要包括以下几种。

（1）全局存储器

CPU 提供了各种专用存储区，包括输入过程映像存储器 I、输出过程映像存储器 Q 和位存储器 M，所有程序块可以无限制地访问这些存储器。

1）输入过程映像存储器 I：是 CPU 用于接收外部输入信号的，比如按钮、开关、行程开关等。CPU 会在扫描开始时从输入模块上读取外部输入信号的状态，放入到输入过程映像区，当程序执行时从这个输入过程映像区读取对应的状态进行运算。如果给地址或变量后面加上":P"这个符号，就可以立即访问外设输入，也就是说可以立即读取数字量输入或模拟量输入。它的数值是来自被访问输入点，而不是输入过程映像区的。

2）输出过程映像存储器 Q：是将程序执行的运算结果输出驱动外部负载，比如指示灯、接触器、继电器、电磁阀等，但是它不是直接输出驱动外部负载的，而是需先把运算结果放入到输出过程映像区，CPU 在下一个扫描周期开始时，将过程映像区的内容复制到物理输出点，然后才驱动外部负载动作的。如果需要把运算结果直接写入到物理输出点，则需要在地址或变量名称后面加上":P"这个符号。在使用输出 Q 时需要注意避免双线圈情况，如果出现双线圈错误的话，会造成物理输出点不能输出的情况。

3）位存储器 M：既不能接收外部输入信号，也不能驱动外部负载，它是内部软元件。用户程序读取和写入 M 存储器中所存储的数据，任何代码块都可以访问 M 存储器，也就是说所有的 OB、FC、FB 块都可以访问 M 存储器中的数据，这些数据可以全局性地使用。其常用来存储运算时的中间运算结果，或者用于触摸屏中组态按钮开关的情况。

（2）PLC 变量表

PLC 变量表用于定义全局存储器各存储单元的符号名称（变量名称），这些变量为全局变量，允许所有程序访问。

（3）数据块 DB

数据块（Data Block）简称为 DB，用于存储代码块使用的各种类型的数据，包括中间操作状态、其他控制信息以及某些指令，如定时器、计数器，需要的数据结构分为全局数据块和背景数据块两种，具体在模块二中介绍。

（4）临时存储器 L

临时存储器用于存储代码块被处理时使用的临时数据，只要调用代码块，CPU 就会将临时存储器自动分配给代码块。代码块执行完，CPU 重新分配临时存储器用于其他要执行的代码块。其使用方法类似于位存储器 M，区别在于 M 存储器是全局的，L 存储器是局部的，即在 OB、FC、FB 块接口区生成的临时变量只能在生成它的代码块中使用，不能与其他代码块共享。L 存储器只能通过符号地址寻址。

3. 数据类型与地址

数据类型用来描述数据的长度和属性，即用于指定数据元素的大小及如何解释数据。在 PLC 程序设计中，每个指令至少支持一个数据类型，而部分指令支持多种数据类型。指令上使用的操作数的数据类型必须和指令所支持的数据类型一致，否则编译时会出现错误，导致程序无法下载。所以在建立变量的过程中，需要对建立的变量分配相应的数据类型。

在设计程序时，用于建立变量的区域有变量表、DB 块、FB 块、FC 块、OB 块接口区，但并不是所有数据类型对应的变量表都可以在这些区域中建立。

S7-1200 PLC 中所支持的数据类型分为基本数据类型、复杂数据类型、参数数据类型、系统数据类型、硬件数据类型及用户自定义数据类型。

基本数据类型是 PLC 编程中最常用的数据类型，通常把占用存储空间 64 个二进制位以下的数据类型称为基本的数据类型，包括位、位系列、整数、浮点数、日期 & 时间、字符。根据实际需要，查阅相关资料补充完整表 1-1-16。

表 1-1-16　S7-1200PLC 的基本数据类型

名称	数据类型		位数	取值范围	常量输入实例	地址实例
位或位系列	位	Bool	1			
	字节	Byte	8			
	字	Word	16			
	双字	DWord	32			
	字符	CHAR	64			
整型数据	短整型	SInt	8			
	整型	Int	16			
	双整型	DInt	32			
	无符号短整型	USInt	8			
	无符号整型	UInt	16			
	无符号双整型	UDInt	32			
浮点数（实数）	浮点数	Real	32			
	双精度浮点数	LReal	64			
时间和日期	时间	Time	32			
	日期	Date	16			
	Time_of_Day		32			

基本数据类型介绍

使用 S7-1200 PLC 相关数据类型时，要注意：使用短整型数据可以节约内存资源；使用无符号数据可以扩大正数的取值范围；64 位双精度浮点数可用于高精度数学函数运算。

PLC 寻址方式

下面列举几种常用数据类型的寻址方法。

（1）位

位数据类型，也称为 Bool 数据类型，值为"1"或"0"，可用来表示开关量（或称数字量）的两种不同的状态，如触点的断开和接通、线圈的通电和断电等。位存储单元由字节地址和位地址组成，地址表示为"字节.位"，首字母表示存储器的标识符，第 1 个数字表示字节地址，第 2 个数字表示位地址。如图 1-1-22 所示，位数据为 I2.3，其中 I 表示输入过程影响存储器，2 为字节 IB2 的地址，3 为位地址。一个字节由 8 位组成，最末位地址为 0，最高位地址为 7。

（2）字节

8 位二进制数组成 1 个字节（byte），其中的第 0 位为最低（LSB），第 7 位为最高位（MSB），字节存储地址由存储器名标识符、字节符号和字节地址组成。如 MB100，表示 M100.0、M100.1、…、M100.7 这 8 位，M 是位存储器标识符、B 表示字节数据类型、100 表示字节地址。

（3）字

两个字节组成 1 个字（word），如图 1-1-22，字 MW100 是由 MB100 和 MB101 这两个字节组成的。

图 1-1-22　位数据类型

（4）双字

两个字组成 1 个双字（Dword），如图 1-1-23 所示，字 MD100 是由 MW100 和 MW102 这两个字组成的，或者说是由 MB100、MB101、MB102、MB103 这四个字节组成的。

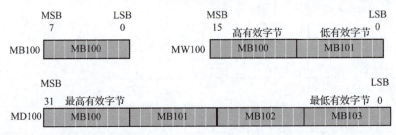

图 1-1-23　字节、字、双字示例

字节、字、双字数据地址命名规则类似，都是由存储器名标识符、字节符号和字节地址组成的，如 QD100、IW100 等。

三、TIA Portal 博途操作界面介绍

博途使用入门

TIA Portal 博途是可以完成各种自动化任务的工程软件平台，集硬件组态、PLC 程序编写、触摸屏画面设计、运动控制等功能于一体，为自动控制系统开发提供了一个统一的整体系统工作环境。可扫描二维码操作，体验 Portal 软件的使用。

如前所述，TIA Portal 是西门子自动化的全新工程设计软件平台，为了提高工作效率，TIA 包括 Portal 视图和项目视图两个不同的视图。

1. Portal 视图

Portal 视图是一种面向任务的项目任务视图，使用起来简单、直观，可以快速地开始

项目设计、快速访问项目的所有组件，布局如图 1-1-24 所示。左边栏是启动选项，列出了安装的软件包所涵盖的功能；根据不同的选择，中间栏会自动筛选出可以进行的操作；右边的操作面板中会更详细地列出具体的操作项目；左下角是项目视图切换口，单击可进行项目视图和 Portal 视图之间的切换。

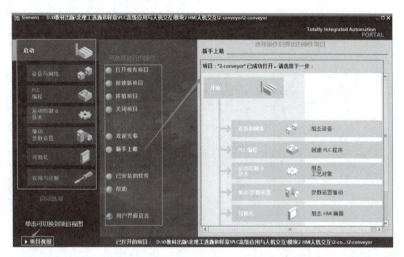

图 1-1-24　Portal 视图的布局

2. 项目视图

项目视图是一种包含项目所有组件和相关工作区的视图，可以显示项目的全部组件，可以方便地访问设备和块，其布局如图 1-1-25 所示。项目的层次化结构、编辑器、参数和数据等信息全部显示在该视图中。

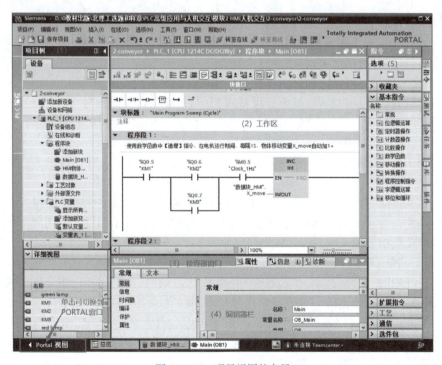

图 1-1-25　项目视图的布局

(1) 项目树

项目树用于显示整个项目的各种元素，以及访问所有的设备和项目数据等。项目树中的内容十分丰富，在项目树中可以执行以下任务：添加新设备，编辑已有的设备，打开处理数据的编辑器等，其包含的详细信息如图 1-1-26 所示。

图 1-1-26 项目树

1）添加新设备：在同一个项目中，可以添加不同的设备，如在最后的综合项目中，添加了两个 S7-1200 PLC、一个 S7-300 PLC 和一个 HMI 设备。

2）设备和网络：通过设备和网络可以浏览项目的拓扑视图、网络视图和设备视图。

3）已经生成的设备：对于已经生成的设备，都有一个独立的文件夹，且有一个内部项目名称，属于该设备的对象和活动等均组织在该文件夹中。

4）未分组的设备：项目中所有的分布式输入/输出设备都包含在"未分组的设备"文件夹中。

5）Security 设置：设置项目的保护和密码策略。

6）公共数据：此文件夹包含可跨多个设备使用的数据，如公共消息、日志和脚本。

7）文档设置：可指定项目文档的打印布局。

8）语言和资源：可指定项目语言及该文件夹内的文本所使用的语言。

9）在线访问：可以找到在建编程设备或 PC 与被连接目标系统之间的在线连接时可以使用的全部网络接入方法。在各个接口符号处，可以获得相应接口的状态信息，也可以查看可访问设备及显示和编辑接口的属性信息。

10）读卡器/USB 存储器：用于管理连接到 PG/PC 的所有读卡器和 USB 存储器。

(2) 工作区

工作区用于显示可以打开并进行编辑的对象，包括编辑器、视图、变量表、PLC 编程、硬件添加，等等。该区域内有分割线，用于分割界面的各个组件。利用分割线上的箭头可显示或隐藏相邻的区域，工作区内窗口如图 1-1-27 所示。

Portal 软件项目视图中可以同时打开多个对象，但在正常情况下，工作区一次只能显示多个已打开中的一个，其余对象以选项卡的形式显示在底部编辑器栏中。如果没有打开的编辑器，则工作区是空的。如果某个任务要求同时显示两个对象，则可以水平或垂直拆分编辑器空间，操作过程是：展开顶部"窗口（W）"菜单栏，单击"垂直拆分编辑器空间"或"水平拆分编辑器空间"命令，所选中的对象及编辑器栏内的下一个对象将会并排或者堆叠地显示出来，如图 1-1-28 所示。

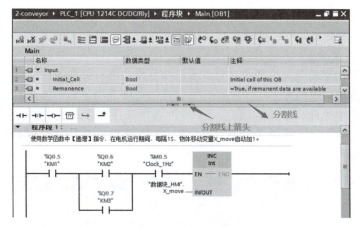

图 1-1-27　工作区内窗口

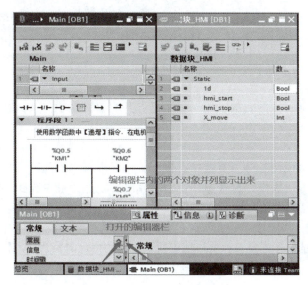

图 1-1-28　编辑器空间的拆分

Portal 软件项目视图界面丰富，用户可根据需求定制自己的界面。为了快速定制自己的界面，需要掌握以下快捷操作。

1）折叠/展开窗口。单击相应窗口的折叠按钮图标 ▼，可将暂时不用的窗口折叠起来，这样工作区就会变大；单击相应窗口的展开按钮 ▲，可将折叠的窗口重新展开；双击工作区的标题栏，窗口自动折叠，再次双击则恢复。

2）自动折叠/永久展开窗口。单击自动折叠按钮 ▭，当鼠标指针回到工作区时，相应的窗口会自动折叠起来；单击永久展开按钮 ▭，可以将自动折叠的窗口恢复为永久展开。

3）窗口浮动。单击浮动按钮 ▭，可以使窗口浮动起来，然后将浮动的窗口拖到其他地方。对于多屏显示，可以将窗口拖到其他屏幕，实现多屏编程。单击 ▭ 按钮可以将窗口还原。

4）恢复默认布局。展开顶部"窗口（W）"菜单栏，选择"默认的窗口布局"选项，即可将窗口恢复为默认布局。

5）改变用户界面语言。展开顶部"选项（N）"菜单，选择"设置"命令，弹出"设置"对话框,在导航区选择"常规",从"用户界面语言"下拉列表中选择相应语言即可。关于"设置"详细介绍可扫二维码学习。

定制用户界面

(3) 检查器窗口

检查器窗口用于显示与被选定对象或者已执行操作等有关的附加信息。检查器窗口位于工作区下部,其组成如图 1-1-29 所示。"属性"选项卡用于显示被选定对象的属性,在该选项卡中可以更改允许编辑的属性;"信息"选项卡用于显示被选定对象的其他信息及与已执行动作(如编译)有关的信息;"诊断"选项卡用于提供与系统诊断事件和已经组态报警事件有关的信息。

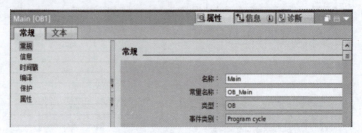

图 1-1-29 检查器窗口

(4) 编辑器栏

编辑器栏位于项目视图底部,用于显示已打开的编辑器。在编辑器栏中可以对打开的对象进行快速切换。

(5) 任务卡

任务卡位于项目视图右侧工具栏中。根据工作区被编辑或选定对象的不同,可以使用任务卡执行附加的可用操作,这些操作包括从库或者硬件目录中选择对象、查找和替换项目中的对象及显示已选对象的诊断信息等。

(6) 详细视图

详细视图用于显示总览窗口和项目树中所选对象的特定内容,其内容可以是文本列表或者变量。

四、位逻辑指令

位逻辑运算指令对布尔操作数(bool)"1"和"0"进行逻辑运算,"1"表示动作或通电,"0"表示未动作或未通电。在 PLC 梯形图程序中分为触点和线圈指令、置位复位指令和边沿检测指令,如图 1-1-30 所示。位逻辑运算指令用于扫描布尔操作数的信号状态并进行布尔逻辑运算,逻辑运算组合结果产生的"1"和"0"称为逻辑运算结果 RLO(Result of logic operation)。有 PLC 入门经验的学生对位逻辑运算指令应该有所了解,这里不再赘述,不熟悉的学生请扫描二维码,学习位逻辑运算的具体使用方法。

学习位逻辑运算的具体使用方法也可在 Portal 软件编程界面中,将指令添加到梯形图中,然后选中指令,按快捷键[F1],即可查阅该指令的帮助文件,帮助文件有关于该指令的详细使用方法的介绍。

位逻辑指令中,上升沿和下降沿指令的使用方法和原来 S7-200 PLC、Smart PLC 有所不同,扫描二维码可查阅上升沿和下降沿指令的使用方法。

位逻辑指令详解

上升沿和下降沿指令

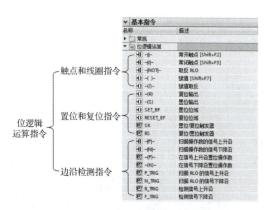

图 1-1-30　位逻辑运算指令分类

经典位逻辑控制程序

在使用位逻辑指令编程时，一些经典的位逻辑控制常用梯形图程序是在使用经验法进行程序设计时会经常用到，主要包括启保停停止优先程序、启保停启动优先程序、信号在本次扫描周期响应、信号在下一个扫描周期响应、顺序控制、互锁控制、复位优先、置位优先、异或关系等，可扫描二维码查阅相关程序，分析其逻辑关系和编程思路。

项目二　气动机械手 PLC 控制

2.1 项目描述

机械手是自动化生产线上常见的用于物料抓取、搬运和换向等的装置。有的是采用电动机驱动的三维立体机构组成，有的是采用电动机和气缸驱动实现。现有一气动机械手由垂直气缸、夹爪气缸和旋转气缸组成，结构如图 1-2-1 所示，实现从一条线体上抓取物料，然后搬运、旋转、放置至另一输送线。

机械手动作过程是：

系统运行期间，工件到位，传感器检测到工件，垂直气缸下降，夹爪抓取工件，气缸上升，然后旋转 180°；垂直气缸下降，夹爪松开工件；然后气缸回复到初始位置，等待下一工件到来，重复前面动作。

动作过程请扫描二维码观看。

图 1-2-1　机械手 PLC 控制

机械手动作

1. 任务要求

现要求使用 S7-1200 PLC 完成对机械手的自动控制。控制要求如下：

1）接通电源，白灯亮；

2）按下启动按钮，机械手按照上述工作过程自动运行，每一步动作时间间隔 2 s，完成一次搬运，计数器加 1，运行期间绿灯亮；

3）按下停止按钮，机械手完成整个工作过程再停止，停止期间，绿灯灭，红灯亮。

请选择合适的 PLC，设计电气原理图、电气配盘图，进行线路安装、程序设计和调试，实现机械手的自动运行。

2. 学习目标

※ 掌握 PLC 输入/输出接口电路工作原理及源型或漏型输入线路设计；
※ 弄清 NPN、PNP 传感器工作原理，能正确设计不同类型传感器输入线路；
※ 能说出气缸回路工作原理，会用 PLC 控制气缸回路按照指定工艺工作；
※ 会使用定时器、计数器指令；
※ 会用顺序控制法进行 PLC 程序设计和调试；
※ 理解 PLC 程序模块化设计思想，会使用 FC 块编写程序；

※ 学会大事化小、小事化了，把复杂的问题简单化、条理化；
※ 学会分工协作，各司其职。

3. 实施路径

多层警示灯控制要求简单明了，思路清晰。根据机械手控制要求，会发现控制复杂程度高、程序实现复杂。事实上，两个项目的被控对象相差无几，项目一被控对象实际有3个，红灯、绿灯和蜂鸣器；项目二被控对象也是有3个，升降缸、旋转缸和夹紧缸。两个项目在任务分析、设计决策、项目实施等环节基本类似，唯一的差别是程序设计。对于机械手控制项目，其实施路径如图1-2-2所示。

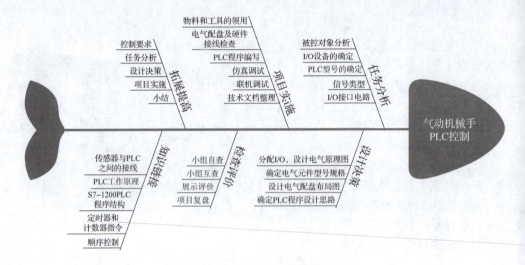

图1-2-2 机械手PLC控制实施路径

4. 任务分组

沿用项目一的分组，根据班组轮值制度，电气设计工程师担任项目经理，电气安装员担任电气工程师，依次类推，此次项目经理完成表1-2-1的填写。

表1-2-1 项目分组表

组名			小组 LOGO
组训			
团队成员	学号	角色指派	职责
		项目经理	统筹计划、进度，安排和甲方对接，解决疑难问题
		电气设计工程师	进行电气硬件线路设计、程序设计和编程调试
		电气安装员	进行电气配盘，配合电气工程师进行调试
		项目验收员	根据任务书、评价表对项目功能、乙方表现进行打分评价

| PLC 高级应用与人机交互 | 模块一 PLC 逻辑控制
项目二 气动机械手 PLC 控制
信息页 | 学生：
班级：
日期： |

2.2 任务分析

1. 被控对象分析

根据任务描述，从表面上看，机械手、绿灯和红灯是本项目被控对象。机械手用于完成物料的抓取和搬运，指示灯用于机械手工作状态的指示。事实上，真正的被控对象是什么呢？

（1）机械手由底座、立柱和手爪组成，每一部分驱动装置是什么？请完成表 1-2-2 的填写。

表 1-2-2 机械手组成和动力分析

序号	组成部分	驱动装置
1	底座	
2	立柱	
3	手爪	

（2）机械手三部分驱动装置是气缸，因此机械手真正的被控对象是夹紧缸、旋转缸和升降缸，查阅液压与气动相关课程资料，对照图 1-2-3，分析机械手气动工作原理。

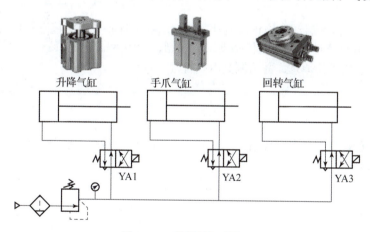

图 1-2-3 机械手气动原理

工作原理：_____

（3）分析图 1-2-3 会发现气缸动作取决于单电控二位四通电磁换向阀，尝试说明电磁换向阀的工作原理，绘制出电磁换向阀的电气符号，并设计一个按钮控制电磁阀动作的点动控制线路，24 V 直流供电。

气缸工作原理

电磁换向阀工作原理

2. I/O 设备的确定

通过前面分析，机械手通过气缸完成相应动作，气缸通过电磁阀控制气缸前进或后退，因此 PLC 只能通过三个电磁换向阀 YA1、YA2、YA3 来控制气缸工作。因此，本项目与 PLC 输出端相连的器件是电磁换向阀，不是气缸。

（1）分析本项目 PLC 输入和输出设备，完成表 1-2-3 的填写。

表 1-2-3　机械手 I/O 设备

输入信号				输出信号			
序号	输入设备	功能描述	信号类型	序号	输出设备	功能描述	信号类型
1				1			
2				2			
3				3			
4				4			
5				5			

（2）电磁换向阀与指示灯、蜂鸣器连接 PLC 输出端的方法相同吗？绘制按钮控制的指示灯、蜂鸣器、电磁换向阀电路，进行对比，找出异同。

（3）本项目除启动、停止按钮外，还会用到工件到位检测传感器作为 PLC 输入设备，机械手使用的是对射式光电传感器，三线制，NPN 型。查阅资料，说明 NPN 型传感器、PNP 型传感器工作原理，并绘制其电气符号。

对射式光电传感器

（4）传感器一般有二线制、三线制，二、三线制传感器线分别是什么颜色？各颜色表示什么含义？

3. PLC 型号的确定

（1）由表 1-2-3 可知，共需要___个输入信号和___个输出信号，全为数字量、24 V 电源供电，增加 15% 余量，根据手册选择 PLC 型号为_____。

（2）可否继续使用本模块项目一使用的 PLC？如若不行，为什么？查阅 S7-1200 PLC 产品手册中 CPU 技术规范说明不能选用的原因。

CPU 1211 扩展能力有限，只能将 PLC 上小盖板拆掉，增加信号板扩大其 I/O 点，但信号板扩展能力有限，最多能将 CPU 1211C 本地输入输出点数扩大到 14 个。所以进行工程项目，慎选 CPU 1211。虽然其价格低，但扩展能力受限，想扩大其 I/O 点，只能通过增加通信模块来实现。本项目建议使用 CPU 1214C DC/DC/DC。

4. 信号类型

PLC 输入信号可能是按钮、开关，也可能是其他传感器信号，如光电、温度传感器等。输出信号可能电磁阀、指示灯、电动机启动线圈等。输入和输入设备可以根据给定信号的不同，分为离散、数字和模拟量，如图 1-2-4 所示。发送离散和数字信号的设备，信号要么是 on，要么是 off。如开关是发送离散信号的设备，要么有电压，要么没有电压。数字信号装置可以从本质上认为是离散装置，其发送一连串的 on-off 信号。模拟量装置发出信号的值是与被测量的大小成比例的。例如一个温度传感器，它可以发出与温度成比例的电压值。

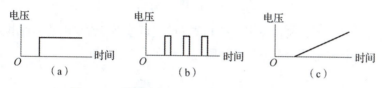

图 1-2-4　信号类型（a）离散（b）数字（c）模拟

输入和输出可分为逻辑或连续两种基本类型。例如一个灯泡，如果只能将其打开或关闭，则为逻辑控制；如果光线可调亮度到不同水平，则它是连续的。连续值看起来更直观，但逻辑值是可取的，因为它们可以提供更大的确定性并简化控制。大多数 PLC 控制应用程序使用逻辑输入和输出。

（1）根据图 1-2-4，完成表 1-2-3 的填写，并列出项目输入和输出信号类型。

（2）在上一个项目中，设置 PLC 属性时，启用了系统时钟，程序中使用了 M0.5（1 Hz 脉冲），请问 M0.5 是什么信号类型？

5. I/O 接口电路

I/O 接口是 PLC 内部弱电信号与工业现场装置强电信号联系的桥梁，PLC 通过输入接口把工业设备或生产过程的状态和信息发送给 CPU，CPU 运行用户程序，然后把运算结果通过输出接口输出给执行机构。PLC 内部通常以 24 V DC 运行，外部设备如电磁阀、交流接触器、限位开关等可在最高 220 V AC 的电压下运行，这两种电压混合会对 PLC 造成严重或无法修复的损坏。不太明显的问题可能是由于引入 PLC 的电气"噪声"引起，"噪声"可能是由信号线上的电压尖峰产生，也可能是由交流中线或直流回路中的负载电流产生。PLC 柜体与外部设备之间的地电位差异也会引起噪声，显然，必须通过某种形式将工业现场装置电源与 PLC 电源分开。

如图 1-2-5 所示，利用内部的电隔离电路将工业现场电源 L2/N2 和 PLC 内部电源 L1/N1 分开，把不同强电或弱电信号调理成 CPU 可以处理的 5 V、12 V、24 V 信号，确保 PLC 不受工厂中发生的任何不利事件的影响。即使将 415 V AC 电源置于 DC 输入上，电缆故障也只会损坏输入卡，PLC 本身及系统中的其他模块将不受影响。

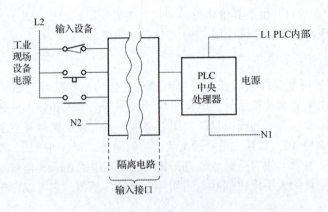

图 1-2-5 接口线路

（1）光电耦合器，又称光耦，是 PLC I/O 接口电路经常采用的一种电路隔离元件，对照图 1-2-6，分析光电耦合电路的工作原理，写在右边空白处。

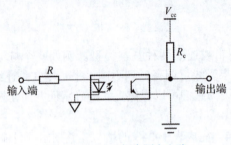

图 1-2-6 光电耦合隔离电路

（2）西门子输入接口电路采用光电耦合器线路接通内外信号，对照图 1-2-7，分析其输入接口电路工作原理，写在空白处，并说明源型和漏型接法。

（3）继电器，也是 PLC I/O 接口电路经常采用的一种隔离元件，西门子输出接口电路一般采用继电器、晶体管两种接口形式，对照图 1-2-8，分析两种接口电路的工作原理，并写在空白处。

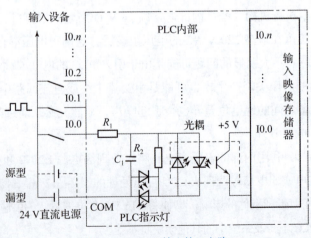

图 1-2-7 PLC 输入接口电路

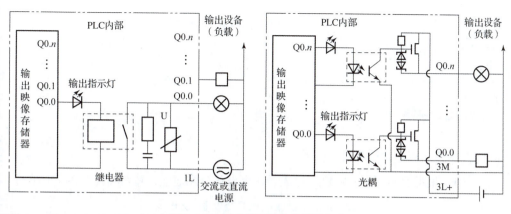

图 1-2-8　继电器和晶体管输出电路

👍👍👍**恭喜你**，通过引导问题的探讨，你对 PLC 的被控对象、输入、输出信号和隔离电路应该有了深层次的认识。接下来，将进行项目的规划决策，完成 PLC 型号选择、电气原理图设计、配电盘设计等，希望你从中能发现 PLC 电气原理图设计的奥秘和 PLC 编程思路的巧妙。

PLC 高级应用与人机交互	模块一 PLC 逻辑控制 项目二 气动机械手 PLC 控制 设计决策页	学生： 班级： 日期：

2.3 设计决策

1. 分配 I/O 点，设计电气原理图

（1）根据表 1-2-3，为 PLC 输入、输出设备分配地址，并完成表 1-2-4 的填写。

表 1-2-4　机械手 PLC 控制 I/O 分配表

输入端口				输出端口			
序号	输入地址	元件名称	符号	序号	输出地址	元件名称	符号

CPU 1214C DC/DC/DC 接线图

（2）根据 I/O 分配表，查阅 CPU 1214C DC/DC/DC 接线图，对照多层警示灯 PLC 控制电气原理图，扫码下载空白工作页，打印出来，在空白工作页上（也可使用 16K 空白纸）完成机械手 PLC 控制电气原理图的设计。

注：后面很多设计环节需要使用空白工作页，读者可根据需要适当多打印一些空白工作页，打孔插入安装到每个项目的后面，方便随时使用。空白工作页可用来做笔记，也可用来设计或答题。

PLC 电气原理图设计一般分为三部分，电源电路、主电路和控制线路；电源电路画在最左侧，主电路一般是电动机电源电路，控制线路也就是很多 PLC 教材中定义的 PLC 端子接线图。

空白工作页

（3）NPN 型传感器和 PNP 型传感器 PLC 输入回路的设计方法相同吗？哪个采用漏型接法？哪个采用源型接法？两种类型的传感器可否并联使用？

PLC 输入接口电路根据传感器的类型不同，可分为源型接法和漏型接法，NPN 型传感器采用共阴极（源型）接法、PNP 型传感器采用共阳极（漏型）接法。

机械手电气图参考

2. 确定电气元件型号规格

根据电气原理图，上网搜集查阅资料，填写表 1-2-5，完成电气元件的选择。

表 1-2-5 电气元件明细表

序号	元件名称	规格型号	符号	单位	数量	备注

3. 电气配盘布局图设计

根据电气原理图和电气元件规格型号，绘制电气配盘布局图。

电气配盘图绘制

4. PLC 程序设计思路的确定

经验法设计程序没有一套固定的方法和步骤，大多依赖于设计者的经验。对于复杂的控制要求，难以高效、准确地完成程序设计。机械手是按照一定工艺流程顺序来动作的。针对此类项目使用顺序功能图设计思路，可以高效地完成程序设计。利用已有经验或扫码、查阅相关知识学习顺序功能图，设计机械手顺序功能图。

程序设计思路介绍

机械手顺序功能图设计

需要特别说明，指示灯使用经验设计法即可。停止按钮需要在完成一个工作循环才能生效，在进行程序设计时，需使用启保停程序，使用中间继电器记住停止状态，然后再将停止编写到顺序控制过程中即可。

👍👍👍恭喜你，完成了设计决策。接下来，进入项目实施，验证设计决策是否可以完成项目描述中的控制要求。

PLC 高级应用与人机交互	模块一 PLC 逻辑控制 项目二 气动机械手 PLC 控制 项目实施页	学生： 班级： 日期：

2.4 项目实施

1. 物料和工具领取

根据电气元件明细表 1-2-5，领取物料，同时选择安装线路要使用的电工工具，并完成表 1-2-6 的填写。

表 1-2-6　电工工具领料表

序号	工具名称	规格型号	数量	备注

2. 机械 PLC 控制系统电气配盘

根据机械手 PLC 电气原理图，电气安装工程师按照完成电气配盘工艺的要求完成硬件连接任务。

1) 根据配盘布局图画线。
2) 根据配盘尺寸，切割线槽和导轨。
3) 安装线槽、导轨、端子排和电气元件。
4) 连接电源电路。
5) 连接 PLC 输入电路、输出电路，需要与配电盘外围设备连接的输入、输出必须连接到端子排上。
8) 配电盘输入端子排与按钮盒按钮、传感器连接。
8) 配电盘输出端子排与按钮盒指示灯、电磁阀连接。
9) 配电盘与机械手检测信号、电磁换向阀连接。

请将接线过程中遇到的问题和解决措施记录下来。
出现问题：　　　　　　　　　　　　　解决措施：

配盘及检查

3. 硬件接线检查

安装完毕，电气安装工程师自检，确保接线正确、安全，检查内容如下。
（1）**断电检查，确保接线安全**。
使用万用表欧姆挡，检查电源接线是否正确，包括配电盘总电源、24V 电源、地线等，确保没有短接，并按照表 1-2-7 进行自检。

表 1-2-7　断电自检情况记录

序号	检测内容	自检情况	备注
1	220 V 火线和零线是否短路		
2	24 V 电源正负极之间是否短路		

（2）通电检查，确保接线正确。

从 24 V 电源正、负极端引接两根测试线，然后使用这两根测试线对 PLC 输入、输出点逐一进行检测，确保 PLC 输入、输出电路连接正确。然后接通配电盘电源，按照表 1-2-8 进行检测，并完成此表的填写。

表 1-2-8　通电测试

序号	检测内容	自检情况	备注
1	目测电源指示灯是否亮		
2	目测 24 V 电源是否亮		
3	目测 PLC 电源是否亮		
4	如 PLC 输入是共阳极接法，使用 24 V 正极引线逐一点动接触输入点，观察输入点是否亮		
5	如 PLC 输入是共阴极接法，使用 24 V 负极引线逐一点动接触输入点，观察输入点是否亮		
6	给对射式光电开关一个触发信号，观察对应输入点是否亮		
7	使用 24 V 电源正极引线逐一点动接触 PLC 输出点，注意检查升降缸、夹紧缸、回转缸是否工作		
8	操作按钮盒按钮，检查 PLC 输入点是否工作		

4. PLC 程序编写

使用 Portal 软件，根据控制要求和设计的顺序功能图，完成机械手程序的编写，主要步骤如下。

（1）新建工程项目

建立过程与上个项目相同，可为项目命名为"robot"，或者其他名称。

（2）进入项目视图

创建工程项目后，单击新手上路对话框"项目视图"选项，直接进入编程界面。

（3）进行硬件组态

与上个项目相同，添加 CPU 1214C DC/DC/DC 模块，使用系统默认 IP 地址即可。

（4）添加 PLC 变量表

根据表 1-2-4 I/O 分配表，展开项目树中"PLC 变量"，双击 ，添加"变量表_1"，然后双击"变量表_1"，在工作区展开变量表编辑器，进行机械手相关变

学习笔记

量的添加，名字可以用汉语拼音、英文，也可以使用中文，但不建议使用中文。

（5）PLC 程序编写

根据顺序功能图编写 PLC 程序的方法有多种，根据多年编程经验，最常用且不容易出现逻辑错误的编程方法是使用置位、复位指令来完成程序的编写。

1）使用置位、复位指令编写启保停控制程序。

2）机械手升降、夹紧等动作顺序是依靠定时器来实现转换的，学习 TON 定时器指令，分析图 1-2-9 中的程序，说明程序原理和定时器各引脚含义。

3）根据设计的机械手顺序功能图，利用图 1-2-9 所示程序样例，编写机械手程序，并做必要注释。

TON 定时器指令

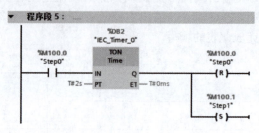

图 1-2-9　机械手控制程序段

5. 仿真调试

单击仿真按钮，根据系统提示进行机械手程序仿真。在进行仿真调试时，请记录出现的问题和解决措施。

出现问题：　　　　　　　　　　　　解决措施：

机械手编程与仿真详解

6. 硬件连接，联机调试

使用网线，将本地电脑与 PLC 连接，下载进行调试，根据控制要求，按下启动、停止按钮，记录调试过程中出现的问题和解决措施。

出现问题：　　　　　　　　　　　　解决措施：

7. 技术文档整理

整理项目技术文档，主要包括控制工艺要求、I/O 分配表、电气原理图、配盘布局图、PLC 程序、操作说明、常见故障排除方法等。

👍👍👍恭喜你，完成项目实施，如果达成项目目标，则应检查项目拼接环节。如有疑问，扫码查看编程与仿真过程，查找存在的问题，修改完善。

PLC 高级应用与人机交互	模块一 PLC 逻辑控制 项目二 气动机械手 PLC 控制 检查评价页	学生： 班级： 日期：	

2.5 检查评价

1. 小组自查，预验收

根据小组分工，项目经理与质检员根据项目要求和电气控制工艺规范，进行预验收，填写预验收记录表 1-2-9。

表 1-2-9　预验收记录表

项目名称			组名	
序号	验收项目	验收记录	整改措施	完成时间
1	外观检查			
2	功能检查			
3	电气元件布局规范性检查			
4	布线规范性检查			
5	技术文档检查			
6	其他			
预验收结论：				
签字：			时间：	

2. 项目提交，验收。

组内验收完成，各小组交叉验收，填写验收报告表 1-2-10。

表 1-2-10　项目验收报告

项目名称		建设单位	
项目验收人		验收时间	
项目概况			
存在问题		完成时间	
验收结果	主观评价	功能测试	施工质量	材料移交

3. 展示评价

各组展示作品，介绍任务完成过程或运行结果视频、整理技术文档并提交汇报材料，进行小组自评、组间互评、教师评价，完成考核评价表 1-2-11 的填写。

表 1-2-11 考核评价表

序号	评价项目	评价内容	分值	自评30%	互评30%	师评40%	合计
1	职业素养30分	分工合理，制订计划能力强，严谨认真	5				
		爱岗敬业、安全意识、责任意识、服从意识	5				
		团队合作、交流沟通、互相协作、分享能力	5				
		遵守行业规范、现场 6S 标准	5				
		主动性强，保质保量完成工作页相关任务	5				
		能采取多样化手段收集信息、解决问题	5				
2	专业能力60分	电气图纸设计正确、绘制规范	10				
		电气接线牢固，电气配盘合理、美观、规范	10				
		施工过程严肃认真、精益求精	10				
		程序设计合理、熟练	10				
		项目调试结果正确	10				
		技术文档整理完整	10				
3	创新意识10分	创新性思维和行动	10				
		合计	100				
评价人签名：			时间：				

4. 项目复盘

（1）重点、难点问题检测

1）根据多层警示灯和机械手 PLC 控制项目的分析、设计与实施过程，概括总结 PLC 自动化控制项目设计实施的基本流程。

2）多层警示灯控制系统被控对象是_____类器件，可以直接作为 PLC 输出设备；但是，机械手被控对象是_____，工作介质是气体，无法使用 PLC 直接对其进行控制，而是通过控制_____来间接控制。

3）顺序控制的三要素是什么？写出顺序控制的常见类型和编程方法。

4）如何完成一个工作循环再停止程序的设计？

5）使用计数器、定时器编写两个指示灯间歇量灭 3 次停止的程序。

（2）闯关自查

机械手 S7-1200 PLC 控制项目相关的知识点、技能点梳理如图 1-2-10 所示，请对照检查是否掌握了相关内容。

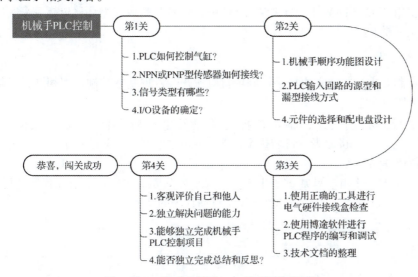

图 1-2-10　气动机械手 PLC 控制评估检查图

（3）总结归纳

通过机械手 S7-1200 PLC 控制项目设计和实施，对所学、所获进行归纳总结。

（4）存在问题／解决方案／优化可行性

（5）激励措施

👍👍👍恭喜你，完成检查评价和技术复盘。通过学习机械手 PLC 控制，进一步掌握了 PLC 控制项目的设计、实施流程。比较这两个项目，你会发现 PLC 控制项目硬件线路设计类似，不同之处是 PLC 程序。不同的程序，可使被控对象呈现不同的动作状态。

| PLC 高级应用与人机交互 | 模块一 PLC 逻辑控制
项目二 气动机械手 PLC 控制
拓展页 | 学生：
班级：
日期： |

2.6 拓展提高

恭喜成功闯关第 2 个项目，现在需要对项目二功能进行完善。具体要求是：增加手自动切换开关。自动模式下，实现项目二控制要求；手动模式下，每按一下启动按钮，实现机械手的单步动作，即按一次启动按钮，机械手动作一步，相当于使用启动按钮手动调试各步工作是否正常。

尝试使用 PLC 帮助文件，自主学习 FC 块、MOVE 指令、循环移位指令来实现拓展提高项目的控制要求。

1. 任务分析

分析控制要求，与原来机械手控制项目对比，会发现基本控制过程相同，只是增加了手动和自动切换功能。

1）根据控制要求，确定被控对象没发生任何变化，PLC 输入信号增加了____个，是_____，接通表示自动状态，断开表示手动状态。只增加了一个变量，PLC 型号需要重新选择吗？（　　）

2）输入、输出信号基本变化不大，但是控制要求的变化会引起程序的极大变化，思考一下，如何进行程序的编写才能实现手自动程序的切换？

_____

FC 块

3）扫描二维码学习 FC 块，说明 FC 含义和使用方法。

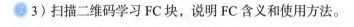

_____

MOVE 指令

4）扫描二维码学习 Move 指令，列举简单应用案例，说明其使用方法。

_____

移动和循环指令

5）扫描二维码学习移位指令，并列举简单应用案例。

_____

6）顺序控制项目，可以使用传送、移位指令编程实现吗？尝试使用传送、移位指令，编写图 1-2-11 所示 PLC 控制程序，说明如何启用 S7-1200 PLC 的第 1 个扫描周期系统时钟？

_____

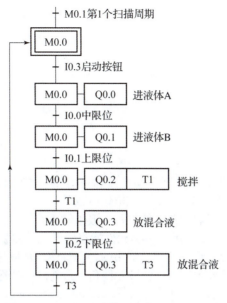

图 1-2-11　某装置顺序功能图

2. 设计决策

（1）电气原理图设计

与本模块项目二相比，只增加了手自动切换输入点，为其分配地址，在项目二电气原理图的基础上增加该输入点，完成电气原理图的绘制。

（2）顺序功能图设计

根据控制要求，使用选择分支绘制机械手手自动顺序功能图。

3. 项目实施

（1）增加开关，完善接线

在本模块项目二配盘的基础上，增加手自动选择开关、并完善接线。

（2）程序设计

使用模块化设计思想，根据顺序功能图，使用 FC 块进行手、自动程序的编写，先自行尝试，如尝试不成功，则扫描二维码查阅编程过程和思路。

（3）调试和运行

仿真验证完成，进行真实调试，请记录出现的问题和解决措施。

出现问题：　　　　　　　　　　解决措施：

_____

_____

4. 小结

通过拓展项目，你有什么新的发现和收获？写在下面。

_____

👍👍👍 恭喜你，完成了拓展项目，学会了传送、移位、FC 等编程指令，拓宽了顺序功能图设计思路。下面进入知识链接的环节，加深对 PLC 理论和技能的培养。

拓展项目详解

2.7 知识链接

一、传感器与 PLC 之间的接线

传感器是一种检测装置，是实现自动检测和自动控制的首要环节，能感受到被测量的信息，并将感受到的信息按一定规律变换成电信号或其他形式的信息输出，以满足信息的传输、处理、存储、显示、记录和控制等要求，一般由敏感元件、转换元件、变换电路和辅助电源四部分组成，如图 1-2-12 所示。敏感元件能直接感受被测量，并输出与被测量有确定关系的物理量信号；转换元件将敏感元件输出的物理量信号转换为电信号；变换电路负责对转换元件输出的电信号进行放大调制；转换元件和变换电路一般还需要辅助电源供电。

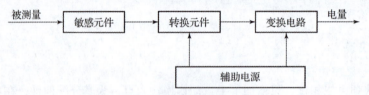

图 1-2-12　传感器的组成

传感器种类繁多，根据敏感元件不同，有电阻式、电感式、电容式等。供电电源一般是 5 V、12 V 或 24 V 直流电，本书中在没有特殊说明的情况下，传感器都是 24 V 直流供电。根据接线方式不同，传感器可分为两线制、三线制、四线制或五线制。两线制接线方法与开关、按钮类元件类似；四线制、五线制一般是电源正极、电源负极和几个输出信号；三线制是电源正极 V+、电源负极 V- 和信号输出端。根据放大电路工作原理分为 NPN 型和 PNP 型，这两种传感器与 PLC 的接线方法不同。

1）NPN 型传感器感应到信号时，输出端电压为高电平还是低电平？_____。如果为低电平，PLC 输入公共端接电源负极还是正极？_____。

2）PNP 型传感器感应到信号时，信号端电压为_____。其与 PLC 连接时，PLC 输入公共端应接_____，即输入端采用_____接法。

3）假设某设备有 3 个 NPN 传感器、2 个 PNP 传感器，使用 CPU 1212 进行控制，试绘制 PLC 控制输入电路。

1. NPN 型传感器接线方式

NPN 型传感器结构原理如图 1-2-13 所示，其内部采用 NPN 型三极管放大电

路，传感器信号从集电极开始输出，通过上拉电阻 R_2 接电源正极。未检测到信号时，24 V 与 0 V 之间不形成回路三极管截止，内部信号为 0，信号端输出高电平；检测到信号时，24 V 与 0 V 之间形成回路，三极管导通，内部信号为 1，信号端输出低电平。

从图 1-2-13（b）可以看出，NPN 型传感器工作时，信号输出端为低电平，因此其与 PLC 输入端接线方式如图 1-2-14 所示，PLC 公共端接电源负极，电流从输入端流入、公共端流出，属于漏型输入接法。

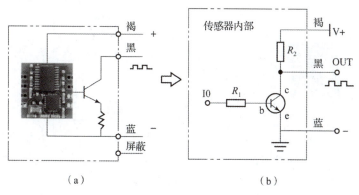

图 1-2-13　NPN 型传感器结构原理示意图
（a）结构示意图；（b）工作原理图

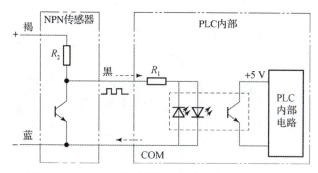

图 1-2-14　NPN 型传感器与 PLC 接线方式（漏型输入）

当 NPN 型传感器无信号时，由于内部输出端与 24 V 间的电阻很大（100 kΩ），无法提供光耦合器件所需要的驱动电流，故需要增加上拉电阻。PLC 内部 24 V 与 0 V 之间，通过光电耦合器件、限流电阻、上拉电阻经 COM 公共端构成电流回路，此时 PLC 内部信号和接近开关发出的状态相反，内部信号为 1。当有信号时，上拉电阻下端为 0 V，光电耦合器件无电流，内部信号为 0。上拉电阻根据内部光电耦合器件所需驱动电流、限流电阻阻值计算（1.5~2 kΩ）。

2. PNP 型传感器接线方式

PNP 型传感器与 NPN 型传感器相反，其采用 PNP 型三极管放大电路，传感器信号从集电极开路输出，通过下拉电阻接地，如图 1-2-15 所示。当未检测到信号时，24 V 与 0 V 之间不形成回路，三极管截止，内部信号为 0，信号输出低电平；当检测到信号时，24 V 与 0 V 之间形成回路，三极管导通，内部信号为 1，信号端输出高电平。

由图 1-2-15（b）可以看出，PNP 型传感器工作时，信号端为高电平，因此其与 PLC 输入端应采用源型接法，如图 1-2-16 所示，PLC 公共端接电源负极，电流从输入端流出、公共端流入，属于源型输入接法。

使用PNP型接近开关,无信号时,由于接近开关内部输出端与0 V间的电阻很大(100 kΩ),无法提供电耦合器件所需要的驱动电流,需要增加下拉电阻。PLC内部24 V与0 V之间,通过光电耦合器件、限流电阻、下拉电阻经COM公共端构成电流回路,此时PLC内部信号和接近开关发出的状态相反,内部信号为1。当有信号时,下拉电阻上端为24 V,光电耦合器件无电流,内部信号为0,未发信号时,内部信号为1。

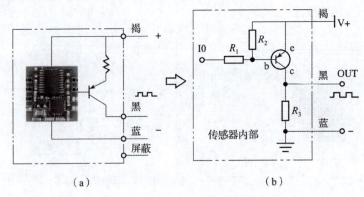

图 1-2-15　PNP 型传感器结构原理示意图
(a)结构示意图;(b)工作原理图

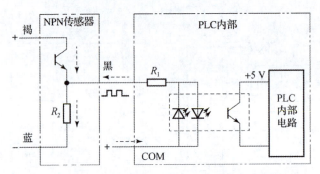

图 1-2-16　PNP 型传感器与 PLC 接线方式(源型输入)

3. 源型和漏型接法

对于直流输入/输出PLC而言,PLC输入、输出线路根据连接的元件不同,公共端需连接电源正极或负极,据此,根据输入电流的流向,可以将PLC输入或输出电路分为源型和漏型两种接法,如图1-2-17所示。

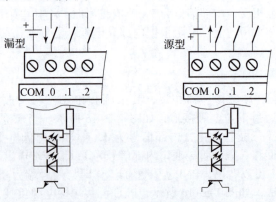

图 1-2-17　PLC 源型和漏型接法

对于西门子 S7 系列 PLC，当公共点接入负极时，就是漏型接法，从 PLC 输入端看进去，电流流入 PLC 内部；反之，公共端接正极，是源型接法，电流从 PLC 输入端流出 PLC。有的 PLC 既可以源型接线，也可以漏型接线，比如 S7 系列 PLC。有的 PLC 只能接成其中一种，不能转换。

二、PLC 工作原理

PLC 又称（Programmable Logic Controller）可编程逻辑控制器，最早的 PLC 只能处理简单的逻辑控制运算，后期迅速发展，拥有了数值运算、数据处理能力，功能逐渐趋向于电脑 PC。但由于与电脑 PC 重名，所以现在 PLC 叫作可编程控制器，逻辑两字去掉了，但这不代表它不能处理逻辑，而是因为逻辑不能涵盖 PLC 所有功能。

1. PLC 工作原理

PLC 内部工作原理，符合微机原理，而且它与其他纯软件性质编程设备不同。不同之处本现在 PLC 集成了外部信号扫描输入、内部信号扫描输出功能。也就是说，外部开关量的硬件信号可以直接输入到 PLC 内部进行软件的处理，而内部的 PLC 软件处理结果可以通过输出刷新步骤，将内部软件信息直接刷新到外部硬件点上去。PLC 工作过程如图 1-2-18 所示。

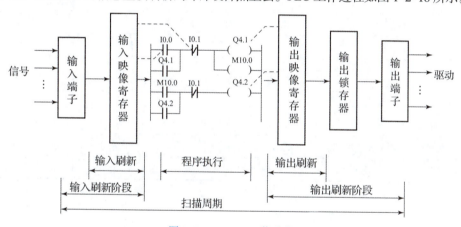

图 1-2-18　PLC 工作过程

PLC 工作过程包含读取输入、执行用户程序、通信处理、CPU 自诊断测试、改写输出、中断程序处理、立即 IO 刷新等过程。作为编程用户，只能操作用户程序区域，所以对于编程影响不大的几个 PLC 的执行阶段，不做具体分析。PLC 具体工作过程请扫描二维的学习。

2. S7-1200 CPU 工作模式

CPU 有以下三种工作模式：STOP（停止）模式、STARTUP（启动）模式和 RUN（运行）模式。

STOP 模式下，CPU 处理所有通信请求并执行自诊断，但不执行用户程序，过程映像也不会自动更新。只有在 CPU 处于 STOP 模式时，才能下载项目。

在 STARTUP 模式下，执行一次启动组织块（如果存在的话）。上电后 CPU 进入 STAPTUP 模式，进行上电诊断和系统初始化，当检查到某些错误时，将禁止 CPU 进入 RUN 模式，保持在 STOP 模式。在 RUN 模式的启动阶段，不处理任何中断事件。

在 RUN 模式下，重复执行扫描周期，即重复执行程序循环组织块 OB1。中断事件可能会在程序循环阶段的任何点发生并进行处理，当处于 RUN 模式下时，无法下载任何项目。

3. CPU 的状态指示灯

CPU 模块提供状态指示灯，位于 CPU 前面的 LED 状态指示灯的颜色指示出 CPU 的当前工作状态。

（1）RUN/STOP 指示灯：黄色灯指示 STOP 模式，绿色灯指示 RUN 模式，闪烁灯指示 STARTUP 模式。

（2）ERROR 指示灯：红色闪烁时，表明出现 CPU 内部错误、存储卡错误或组态错误；红色灯常亮时，表明硬件出现故障。

（3）MAINT（维护）指示灯：在插入或取出存储卡或版本错误时，黄色灯将闪烁；如果 I/O 点被强制或安装电池板后电量过低，则黄色灯将会常亮。

CPU 状态指示灯详细说明见表 1-2-12。

表 1-2-12　CPU 状态指示灯

说明	RUN/STOP 黄色/绿色	ERROR 红色	MAINT 黄色
断电	灭	灭	灭
启动、自检或固件更新	闪烁（黄色和绿色交替）	—	灭
停止模式	亮（黄色）	—	—
运行模式	亮（绿色）	—	—
取出存储卡	亮（黄色）	—	闪烁
错误	亮（黄色或绿色）	闪烁	—
请求维护 强制 I/O 需要更换电池（若安装电池板）	亮（黄色或绿色）	—	亮
硬件出现故障	亮（黄色）	亮	灭
LED 测试或 CPU 固件出现故障	闪烁（黄色和绿色交替）	闪烁	闪烁
CPU 组态版本未知或不兼容	亮（黄色）	闪烁	闪烁

三、S7-1200 PLC 程序结构

1. 程序块

S7-1200 PLC 与 S7-300/400 的程序结构基本相同，编程采用了块的概念。采用块便于大规模程序的设计和理解，可以设计标准化的块程序进行重复调用，程序结构清晰明了，修改方便，调试简单。

S7-1200 PLC 用户程序块包括组织块、函数块、函数和数据块，见表 1-2-13，其中，OB、FB、FC 都包含程序，统称为代码（Code）块。被调用的代码块又可以调用别的代码块，这种调用称为嵌套调用。CPU 模块的手册给出了允许嵌套调用的层数，即嵌套深度。代码块的个数没有限制，但是受到存储器容量的限制。在块的调用中，调用者可以是各种代码块，被调用的块是 OB 之外的代码块。

表 1-2-13　S7-1200 PLC 用户程序块

块	简要描述
组织块（OB）	操作系统与用户程序的接口，决定用户程序的结构
函数块（FB）	用户编写的包含经常使用的功能的子程序，有专用的背景数据块

续表

块	简要描述
函数（FC）	用户编写的包含经常使用的功能的子程序，没有专用的背景数据块
背景数据块（DB）	用于保存 FB 的输入变量、输出变量和静态变量，其数据在编译时自动生成
全局数据块（DB）	存储用户数据的数据区域，供所有的代码块共享

2. 组织块

组织块（Organization Block，OB）是操作系统与用户程序的接口，由操作系统调用，用于控制扫描循环和中断程序的执行、PLC 的启动和错误处理等。组织块的程序是由用户编写的。每个组织块必须有一个唯一的 OB 编号，123 之前的某些编号是保留的，其他 OB 的编号应大于或等于 123。CPU 中特定的事件触发组织块的执行，OB 不能相互调用，也不能被 FC 和 FB 调用。只有启动事件（例如诊断中断或周期性中断事件）可以启动 OB 的执行。各种组织块由不同的事件启动，且具有不同的优先级，而循环执行的主程序则在组织块 OB1 中。

（1）启动组织块

当 CPU 的工作模式从 STOP 切换到 RUN 时，执行一次启动（Startup）组织块，来初始化程序循环 OB 中的某些变量。当执行完启动 OB 后，开始执行程序循环 OB。通常可以有多个启动 OB，默认的为 OB100，其他启动 OB 的编号应大于或等于 123。

（2）程序循环组织块

OB1 是用户程序中的主程序，CPU 循环执行操作系统程序，在每一次循环中，操作系统程序调用一次 OB1。因此 OB1 中的程序也是循环执行的。允许有多个程序循环 OB，默认的是 OB1，其他程序循环 OB 的编号应大于或等于 123。

（3）中断组织块

中断处理用来实现对特殊内部事件或外部事件的快速响应。如果没有中断事件出现，则 CPU 循环执行组织块 OB1 及其调用的块。如果出现中断事件，例如诊断中断和时间延迟中断等，因为 OB1 的中断优先级最低，操作系统在执行完当前程序的当前指令（即断点处）后，立即响应中断。CPU 暂停正在执行的程序块，自动调用一个分配给该事件的组织块（即中断程序）来处理中断事件。执行完中断组织块后，返回被中断程序的断点处继续执行原来的程序。这意味着部分用户程序不必在每次循环中处理，而是在需要时才被及时地处理。处理中断事件的程序放在该事件驱动的 OB 中。组织块的种类及简要说明见表 1-2-14。

表 1-2-14　组织块的种类及简要说明

组织块种类	说明
启动组织块	当 CPU 的工作模式从 STOP 切换到 RUN 时，执行一次启动（Startup）组织块，可不使用
程序循环组织块	循环执行的程序，允许有多个循环组织块，可以调用其他块
延时中断组织块	在指定的时间过后，执行中断程序
循环中断组织块	在特定的时间段，执行中断程序

组织块种类	说明
硬件中断组织块	根据硬件事件触发，执行中断程序
诊断错误组织块	诊断模块被启用并检测到错误时，执行中断程序
时间错误中断组织块	超过最大循环时间时，执行中断程序

3. 函数块

函数块（Function Block，FB）是用户编写的子程序，它们有一个放在数据块中的变量存储区，而数据块是与其函数块相关联的，称为背景数据块。调用函数块时，需要指定背景数据块，后者是函数块专用存储区。CPU 执行 FB 中的程序代码，将块的输入、输出参数和局部静态数据保存在背景数据块中，以便从一个扫描周期到下一个扫描周期快速访问它们。FB 的典型应用是执行不能在一个扫描周期结束的操作。在调用 FB 时，打开了对应的背景数据块，后者的变量可以供其他代码块使用。调用同一个函数块时使用不同的背景数据块，可以控制不同的设备。

4. 函数

函数（Function，FC）是用户编写的子程序，它包含完成特定任务的代码和参数。FC 和 FB 有着与调用它的块共享的输入/输出参数。执行完 FC 和 FB 后，返回调用它的代码块。

函数是快速执行的代码块，用于执行下列任务：完成标准的和可重复使用的操作，例如算术运算；完成技术功能，例如使用位逻辑运算的控制。可以在程序的不同位置多次调用同一个 FC，这可以简化频繁的重复执行的任务的编程。

函数没有固定的存储区，函数执行结束后，其临时变址中的数据就丢失了。通常可以用全局数据块或 M 存储区来存储那些在函数执行结束后需要保存的数据。由于函数没有指定的数据块，不能存储信息，故常常用于编制重复发生且复杂的自动化过程。

5. 数据块

数据块是用于存放执行代码块时所需的数据区，数据块没有指令，它分为全局数据块和背景数据块两种。全局数据块存储供所有的代码块使用的数据，所有的 OB、FB 和 FC 都可以访问它们；背景数据块存储供特定的 FB 使用的数据。

四、定时器和计数器指令

在日常生活或工业生产中，有时会用到延时、计时、计数等控制，如交通灯、电动星三角启动、机床的延时、产品计数控制等，实现延时、计数功能的指令是定时器和计数器。S7-1200 PLC 定时器、计数器指令采用 IEC 标准，用户程序中使用定时器、计数器的个数受 CPU 存储器容量的限制，每个定时器均使用 16 字节的 IE_Timer 数据类型的 DB 结构来存储定时器指令的数据。TIA 软件插入定时器、计数器指令时，会自动创建定时器、计数器对应的 DB 块。

1. 定时器

定时器共有 4 种定时器指令：脉冲定时器指令（TP）、接通延时定时器指令（TON）、断开延时定时器（TOF）和保持型接通延时定时器（TONR）指令。在此只介绍接通延时定时器（TON）的使用方法，其他定时器可通过 PLC 帮助文件学习。

接通延时定时器指令，如图 1-2-19 所示。定时器指令中 IN 信号为输入信号，即定时器启动信号；PT 为定时器预置的时间，ET 为定时器开始计时后的定时当前值，它们的数据类型为 32 位的 Time，单位为 ms，最大定时时间长达 T#24d_20h_31m_23s647_ms（d、h、m、s、ms 分别为日、小时、分、秒和毫秒），可以不给输出 ET 指定地址。Q 为定时器的位输出。当输入信号从 0 状态到 1 状态时，接通延时定时器（TON）启动定时，经过预置的时间后，Q 输出为 1；IN 端输入为 0，Q 输出为 0。

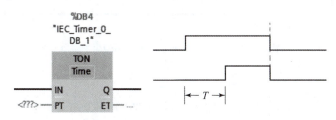

图 1-2-19　接通延时定时器指令

定时器指令属于功能块，在调用时需要知道配套的背景数据块，定时器指令的数据保存在背景数据块中。定时器指令没有编号，在对定时器使用复位指令时，可以用背景数据块编号或符号名来指定需要复位的定时器，如果没有必要，则可以不用复位指令。

接通延时定时器（TON）波形图如图 1-2-20 所示，其使能输入端（IN）的输入电路由断开变为接通时开始定时。定时时间大于等于预置时间（PT）指定的设定值时，输出 Q 变为 1 状态，当前值（ET）保持不变（见图 1-2-20 中的波形 A）。

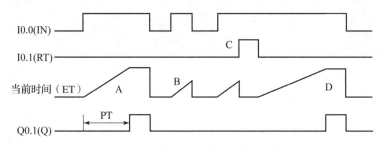

图 1-2-20　接通延时定时器的波形图

当 IN 输入端的电路断开时，定时器被复位，当前值被清零，输出 Q 变为 0 状态。当 CPU 第一次扫描时，定时器输出 Q 被清零。如果输入 IN 在未达到 PT 设定的时间时变为 0 状态（见图 1-2-20 中的波形 B），输出 Q 保持 0 状态不变。

接通延时定时器的应用实例如图 1-2-21 所示。当输入 IN 的逻辑运算结果从"0"变为"1"（信号上升沿），即 I0.0 由 0 变为 1 时，定时器开始定时，当当前时间（ET）大于等于预置时间（PT）10 s 时，输出 Q 端变为 1 状态。如果 I0.0 由 1 变为 0，则定时器输出 Q 端变为 0 状态，当前时间（ET）同时被清零。

当 I0.1 为 1 时，定时器复位线圈（RT）通电（见图 1-2-20 波形 C），定时器被复位，当前时间清零，Q 输出端变为 0 状态。当 I0.1 变为 0 状态时，如果 IN 输入 I0.0 为 1 状态，则将开始重新定时（见图 1-2-20 波形 D）。

定时器详解

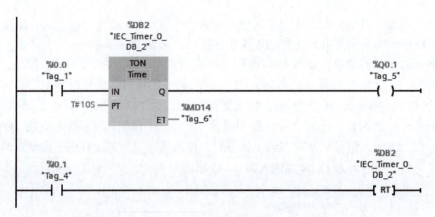

图 1-2-21 保持型接通延时定时器的应用实例

2. 计数器

S7-1200 有加计数器（CTU）、减计数器（CTD）和加减计数器（CTUD）3 种计数器。这 3 种属于软件计数器，其最大计数速率受其所在的组织块 OB1 扫描周期的限制。如果需要速率更高的计数器，则可以使用 CPU 内置的高速计数器。在调用计数器指令时，需要生成用于保存计数器数据的背景数据块。3 种计数器指令符号如表 1-2-15 所示。

表 1-2-15 计数器指令的符号

加计数器	减计数器	加减计数器

CU 和 CD 分别是加计数器和减计数器，当 CU 或 CD 从 0 变为 1 时，当前计数器 CV 加 1 或减 1。当复位参数 R 为 1 时，计数器被复位，CV 被清 0，计数器的 Q 输出变为 0。当 LD 为 1 时，将预置计数值 PV 装载到计数器的 CV 中作为当前计数值。

将计数指令拖至工作区，例如 CTU 指令，单击方框中 CTU 下面的 3 个问号，如图 1-2-22 所示，再单击问号右边出现的按钮，用下拉式列表设置 PV 和 CV 的数据类型。

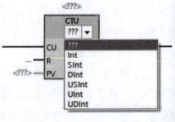

图 1-2-22 设置计数器的数据类型

计数器指令的参数、数据类型及说明如表 1-2-16 所示。

计数器详解

表 1-2-16 计数器指令的参数、数据类型及说明

参数	数据类型	说明
CU、CD	Bool	加计数、减计数，按加 1、减 1 计数
R（CTU、CTUD）	Bool	将计数值重置为 0

续表

参数	数据类型	说明
LD（CTD、CTUD）	Bool	预置计数器的装载控制
PV	Sint、Int、DInt、USint、UInt、UDInt	预置计数值
Q、QU	Bool	当计数器当前计数值大于预置计数值时为 1
QD	Bool	当 CV ≤ 0 时为真
CV	Sint、Int、DInt、USint、UInt、UDInt	当前计数值

计数值的数值范围取决于所选的数据类型：如果计数值是无符号整数类型，则可以减计数到零或加计数到范围限值；如果计数值是有符号整型数据，则可以减计数到负整数限值或加计数到正整数限值。

用户程序中可以使用三种数据类型：对于 SInt 或 USInt 数据类型，计数器指令占用 3 字节；对于 Int 或 UInt 数据类型，计数器指令占用 6 字节；对于 DInt 或 UDInt 数据类型，计数器指令占用 12 字节。

这里只介绍加计数器的应用。加计数器实例和波形图如图 1-2-23 所示。第一次执行 CTU 指令时，CV 被清零。当接在 R 输入端的复位输入 I0.1 为 0 状态，在 CU 输入端的加计数器脉冲输入电路由 0 变为 1 接通时（即在 CU 信号的上升沿），实际计数值 CV 加 1，当实际计数值 CV 大于等于预置计数值 PV 时，输出 Q 为 1 状态，反之为 0 状态。此时，如果 CU 端继续收到上升沿信号，则实际计数值 CV 继续加 1 直到 CV 达到指定的数据类型的上限值。此后 CU 输入的状态变化不再起作用，CV 的值不再增加。

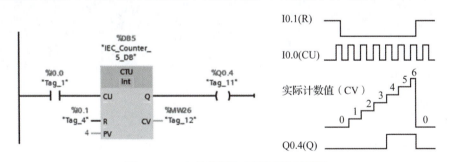

图 1-2-23 加计数器的应用实例和波形图

当接在 R 输入端的复位输入 I0.1 为 1 状态时，计数器被复位，输出 Q 变为 0 状态，CV 被清零，此时 CU 端输入的上升沿脉冲不起作用。

五、顺序控制

所谓顺序控制，就是按照生产工艺预先规定的顺序，在各个输入信号的作用下，根据内部状态和时间的顺序，在生产过程中各个执行机构自动有序地进行操作。顺序控制设计法根据顺序功能图，以步为核心，从起始步开始一步一步地设计下去，直至完成。顺序控制设计法容易掌握，能提高设计的效率，对程序的调试、修改和阅读也很方便。

学习笔记

顺序功能图详解

　　顺序功能图（Sequential Function Chart，SFC）是描述控制系统的控制过程、功能和特点的一种图形，也是设计 PLC 顺序控制程序的有力工具。顺序功能图并不涉及所描述的控制功能的具体技术，它是一种通用的技术语言，可以用于进一步设计和技术交流。顺序功能图是 IEC 61131-3 居首位的编程语言，有的 PLC 为用户提供了顺序功能图语言，例如 S7-300/400 的 S7 Graph 语言，在编程软件中生成顺序功能图后便完成了编程工作。S7-1200 PLC 没有配备顺序功能图语言，但可以用 SFC 来描述系统的功能，根据它来设计梯形图程序。

　　不熟悉顺序控制的读者，扫描二维码下载顺序功能图详细资料，自行学习。

　　👍👍👍恭喜你，顺利完成模块一相关内容，巩固了已有 PLC 基础，学会了 S7-1200 PLC 入门知识和编程技能，为下一模块学习初步奠基。

模块二 HMI 人机交互

学习目标

※ 了解人机交互基本知识。
※ 掌握触摸屏的使用方法。
※ 学会触摸屏画面设计的基本思路和方法。
※ 学会 PLC 与触摸屏之间的以太网通信。
※ 学会使用 PLC 和 HMI 进行人机交互控制系统设计、编程与调试方法。
※ 培养学生勇于创新、善于探索和敢于尝试的科学精神。

模块简介

PLC 是一种用于自动控制的数字运算控制器，可以将控制指令随时载入内存进行存储与执行。但是，PLC 不能提供良好的用户界面，不具有数据显示、人机交互等功能。为解决此问题，在工业控制中，通过人机交互装置——人机界面来实现显示与交互功能。人机界面（HMI），也称人机接口、触摸屏、触摸面板，作用是帮助操作者与设备之间建立联系，是交换信息的输入、输出设备的接口。

通过人机交互设备，不仅能够显示 PLC 数据，而且还能控制 PLC，操作者直接在人机交互画面上用手指轻轻一点相应按钮，即可控制现场设备的动作，如设备启动、停止等。同样，点击相应图标即可显示现场设备运行状态、画面或一些工作数据。本模块以西门子 KTP900 触摸屏为载体，通过对推料装置、皮带输送装置人机交互系统的设计与实现，使读者应用并巩固上一模块所学习的 PLC 逻辑控制设计、编程、调试思路和方法，并掌握 S7-1200 PLC 与触摸屏通信，人机交互界面设计、调试的思路和方法。

项目一 推料装置 PLC 控制与人机交互

  1.1 项目描述

某设备上推料装置如图 2-1-1 所示，由井式储料塔、推料气缸、支架等组成，用于物料的存储和推送。井式储料塔用于存放待检测货物，推料气缸用于将货物从储料塔送入到传送带上。现要求使用 PLC 和触摸屏实现对该装置的自动控制和人机交互。

图 2-1-1 推料装置 PLC 控制和人机交互

推料装置介绍

  1. 任务要求

在料仓底部安装一个漫反射型光电开关，用于检测料仓内是否有货物；在气缸前部安装一个磁性开关，用于检测气缸是否推料到位。

推料装置动作过程是：

1）按下启动按钮，系统运行，绿灯亮。

2）料仓底部传感器检测到有料，延时 2 s，推料气缸将料推出；推出到位，延时 1 s，返回。如此循环往复，若无料 20 s 以上，系统将自动报警。

3）按下停止按钮，完成正运行的动作，系统停止工作，红灯亮。

请选择合适的 PLC、触摸屏，实现对推料装置的控制和人机交互，通过操作人机画面，完成对推料装置的启动、停止及气缸前进指示和完成次数显示等。

  2. 学习目标

※ 了解人机交互概念；

※ 学会触摸屏的接线方法和 PLC 的通信组态；

※ 学会画面设计、设计画面和变量之间的动画组态；
※ 强化巩固 PLC 逻辑控制设计的思路和方法；
※ 学会人机交互系统设计的基本思路和方法；
※ 学会制订计划、分工协作，培养敢于探索的精神。

3. 实施路径

既要实现 PLC 控制推料装置，又要完成人机交互设计。完成该项目的过程与 PLC 控制项目类似，只是在设计决策、实施阶段增加了触摸屏画面设计和调试相关内容。其实施路径如图 2-1-2 所示。

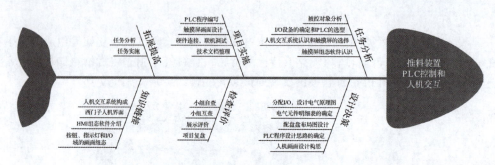

图 2-1-2 推料装置 PLC 控制和人机交互实施路径

4. 任务分组

根据班组轮值制度，互换角色，小组讨论项目成员职责，新任项目经理完成表 2-1-1 的填写。

表 2-1-1 项目分组表

组名			小组 LOGO	
组训				
团队成员	学号	角色指派	职责	
		项目经理		
		电气设计工程师		
		电气安装员		
		项目验收员		

模块二 HMI 人机交互
项目一 推料装置 PLC 控制与人机交互
信息页

1.2 任务分析

根据任务要求,推料装置控制系统既要完成 PLC 控制系统设计,又要完成人机交互系统设计与调试。

1)项目实施过程和原来完成的项目有什么区别?
_____

2)推料装置 PLC 控制系统可以独自完成吗?____。难点是_____
_____。

3)该项目亟待解决的问题是:_____。

1. 被控对象分析

分析推料装置的工作过程,不难发现该系统被控对象是推料气缸。

1)推料装置使用的是双电控电磁换向阀控制气缸往复运动,请绘制出推料气缸气动控制原理图,并简要描述气动控制原理。
_____
_____
_____

2)该系统被控对象是_____、_____、_____和_____。

2. I/O 设备的确定和 PLC 的选型

1)本项目中用于发送动作指令的器件是启动、停止和急停按钮,用于检测工件有无、气缸位置的元件是料仓底部光电开关和磁性开关,因此 PLC 输入设备有____、____、____和____。

2)查阅资料了解磁性开关,说明其工作原理,绘制其图形符号。
工作原理: 图形符号:
_____

3)双电控电磁换向阀由左右两个线圈控制,需要占用两个输出点,因此,PLC 输出设备有电磁阀左位线圈、_____、_____、_____和_____。

4)系统共需要_____个输入信号、_____个输出信号,全部为数字量,24 V 直流供电,因此可继续选用 CPU 1214C DC/DC/DC,订货号为 6ES7-214-1AG40-0XB0。

3. 人机交互系统认识和触摸屏的选择

推料装置控制需要通过人机界面实现与设备之间的人机"对话"。触摸屏是最常用的人机交互装置。

1)什么是人机交互(HMI)?
_____

磁性开关

2）列举几种常见的人机交互设备。

3）查阅资料说明触摸屏人机交互系统主要由几部分构成。

触摸屏种类、品牌繁多。SIMATIC HMI 精简系列面板可以与 SIMATIC S7-1200 控制器无缝兼容，两者结合，可为小型自动化应用提供一种简单的可视化和控制系统解决方案。西门子触摸屏有精简屏（如 KTP700 Basic、KTP900 Basic）、精智屏（TP900 Comfort），面向不同的工作任务，能实现的功能也不同。精简屏面向常规通用控制任务；精智屏可实现更多的画面对象属性设置和复杂的功能设置，主要用于高端的控制任务，其价格比较高。两种屏的使用方法类似，本书全部选用 KTP700 Basic 精简屏。

西门子触摸屏手册

4）查阅西门子触摸屏手册，完成表 2-1-2 中常见精简系列面板规格和技术协议的填写。

表 2-1-2　SIMATIC 常见精简系列面板

设备名称	设备型号	接口类型	组态工具
KTP400 Basic		Profinet	
KTP700 Basic			
	带功能键的触摸型设备	PROFIBUS	WinCC（TIA Portal）V13 1 及更高版本
		Profinet	
KTP1200 Basic			
KTP1200 Basic DP			

5）绘制由西门子 PLC1200、KTP700 触摸屏和计算机构成的人机交互系统示意图，简要说明其工作过程。

6）如图 2-1-3 所示展示了 KTP700 Basic 触摸屏的外观结构。请根据手册，将触摸屏各部分名称写在标号旁边。

每个 SIMATIC HMI 精简系列面板都具有一个集成的 Profinet 接口，通过它可以与控制器 PLC 进行通信，并且传输参数设置数据和组态数据。

7）查阅西门子 HMI 触摸屏操作手册，写出 KTP700 Basic 触摸屏开孔尺寸是_____，外观尺寸是_____，订货号是_____。

8）触摸屏开孔尺寸是进行_____的依据，订货号一方面是采购触摸屏设备的依据，另一方是进行_____的依据。

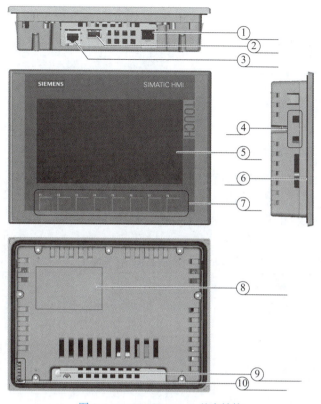

图 2-1-3　KTP700 Basic 基本结构

4. 触摸屏组态软件认识

TIA Portal 博途是高度集成的软件平台，里面包括触摸屏组态软件。扫描二维码，观看微课，根据微课操作，完成模块一多层警示器项目的人机交互界面设计，体验 HMI 设备组态的过程和方法。

❓ 写出使用 Portal 触摸屏组态软件进行人机界面设计的基本步骤。

_____

_____

👍👍👍恭喜你，清楚了人机交互、触摸屏基本知识。接下来，进行项目设计决策，完成 PLC 控制和人机交互系统的设计。

多层警示灯
人机交互界
面设计

PLC 高级应用与人机交互

模块二 HMI 人机交互
项目一 推料装置 PLC 控制与人机交互
设计决策页

1.3 设计决策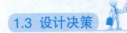

1. 分配 I/O，设计电气原理图

1）推料装置输入信号为启动、停止、磁性开关和光电开关，输出信号为绿色指示灯、红色指示灯、蜂鸣器和电磁换向阀左、右两侧电磁线。请为输入、输出设备信号分配地址，并完成表 2-1-3 的填写，同时为每个输入、输出信号进行变量名定义，以便编程时添加变量表。

表 2-1-3 推料装置 I/O 分配表

输入端口					输出端口				
序号	地址	元件名	符号	变量名	序号	地址	元件名	符号	变量名

2）根据 I/O 分配表，查阅 CPU 1214C DC/DC/DC 接线图，补充完成如图 2-1-4 所示推料装置电气原理设计，KTP700 为触摸屏，触摸屏需要外接 24 V 电源，与 PLC 之间通过 Profinet 连接。

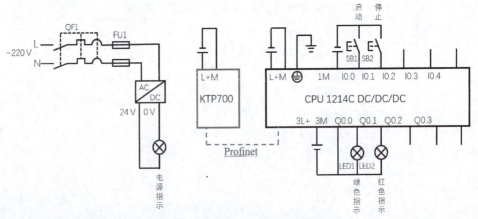

图 2-1-4 推料装置 PLC 控制电气原理图

与模块一项目不同，推料装置输入增加了磁性开关和光电开关。磁性开关是两线制，接线方式与按钮相同，只是符号不同。光电开关有两线制，也有三线制，本项目使用的是三线制 NPN 型传感器，进行电气原理图绘制时要注意其接线方式。

2. 电气元件明细表的确定

根据电气原理图，上网搜集查阅资料，填写表 2-1-4，完成电气元件的选择。

表 2-1-4 电气元件明细表

序号	元件名称	规格型号	符号	单位	数量	备注

3. 配电盘布局图设计

使用 AutoCAD 软件进行配电盘布局设计，为安装接线提供依据。

4. PLC 程序设计思路的确定

推料装置工作过程是典型的顺序控制，绘制其顺序功能图。

配电盘布局详解

5. 人机画面设计构思

使用触摸屏进行人机画面设计，应根据推料装置控制要求进行触摸屏画面设计，并理清画面中哪些图形要素需要与 PLC 变量之间建立联系。

1）根据你自己理解，绘制触摸屏画面草图。

推料装置顺序功能图

不同设计者，可设计不同的画面。首次进行人机画面，可参照图 2-1-1 来设计各种图形要素（简称图素）。图 2-1-1 中使用四个圆形，表示指示灯、气缸前进指示、报警指示；用两个按钮表示启动、停止；用对话窗口显示完成次数。同时，使用必要的文字进行各图素功能的简要说明。

2）什么是图素？举例说明。

程序设计思路介绍

3）表 2-1-3 中哪些变量需要和触摸屏画面中的图素建立关联？

4)触摸屏画面中启动、停止按钮能与 PLC 变量表中的启动、停止变量关联吗?如果不行,如何解决用触摸屏画面中启动、停止按钮控制推料装置启动、停止问题?

触摸屏中启动、停止按钮能与 PLC 中的启动、停止变量管理,但是不能通过这两个按钮改变 PLC 中启动、停止变量,因这两个变量是外部输入变量,其值的变化取决于外围输入设备——启动和停止按钮。值得一提的是,所有的 PLC 输入变量只能通过 PLC 强制表强制。否则,输入变量的值只能通过外围设备改变。因此,触摸屏中的启动、停止按钮如果想控制推料装置启动、停止的话,需要在 PLC 中定义使用中间变量作为启动、停止,即 PLC 程序中将中间变量启动与输入的启动并联、将停止与输入的停止串联,PLC 程序的启动、停止控制改为双控模式,电气控制中叫两地控制,如图 2-1-5 所示。

强制表

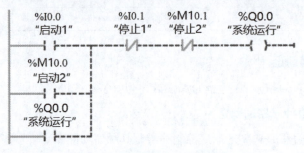

图 2-1-5 两地控制 PLC 程序示例

5)与 PLC 相同,触摸屏中也需要定义变量,根据项目要求定义触摸屏变量,如表 2-1-5 所示,尝试填写与触摸屏变量需要关联的 PLC 中的变量。其可以是表 2-1-3 中的变量,也可以在 PLC 变量表中添加中间变量(如上段所讲的启动、停止中间变量)与触摸屏中变量关联。

表 2-1-5 触摸屏和 PLC 之间关联的变量表

	触摸屏中变量		PLC 中变量		
序号	变量名	变量类型	变量名	变量地址	变量类型
1	HMI_启动	Bool			
2	HMI_停止	Bool			
3	HMI_绿灯	Bool			
4	HMI_红灯	Bool			
5	HMI_报警灯	Bool			
6	HMI_气缸前进灯	Bool			
7	HMI_完成次数	Int			

👍👍👍恭喜你,完成设计决策的最后一关。接下来,进入项目实施阶段。

模块二 HMI 人机交互
项目一 推料装置 PLC 控制与人机交互
项目实施页

1.4 项目实施

推料装置 PLC 控制部分硬件线路安装、检查简单，配盘、接线检查等环节不进行详细描述，直接进入程序编写和触摸屏画面设计阶段。

1. PLC 程序编写

使用 Portal 软件，根据控制要求和设计的程序流程，完成推料装置 PLC 程序的编写，主要步骤如下。

（1）新建工程项目
项目命名为"pushingdevice"或其他，存放在自定义的路径下。

（2）进入项目视图
单击"新手上路"对话框底部或左下角的"项目视图"按钮，直接进入项目开发界面。

（3）进行硬件组态
根据实际使用的 PLC 型号，添加 PLC 硬件，进行 PLC 硬件组态。

（3）添加 PLC 变量表
根据表 2-1-3 和表 2-1-5，添加 PLC 变量表，如图 2-1-6 所示。变量表中增加了 HMI 启动、HMI 停止两个中间变量，这两个变量需要与触摸屏中的启动、停止按钮关联。

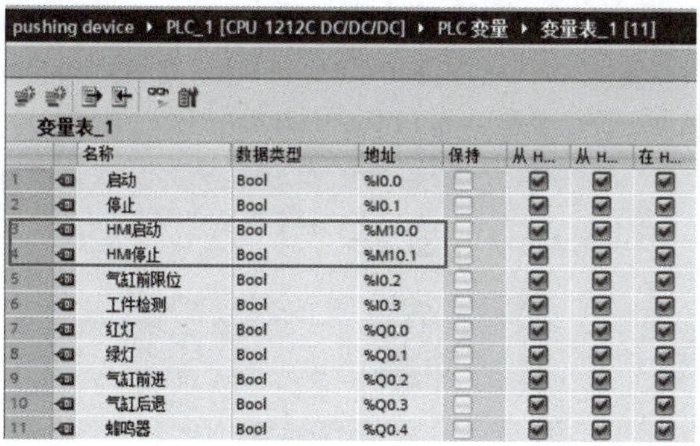

图 2-1-6 PLC 变量表的定义

（4）PLC 程序编写
根据顺序功能图，编写推料装置 PLC 控制程序，如需参考，则扫描二维码下载。

（5）仿真调试和程序完善
进行 PLC 程序仿真，如有问题，则进行修改并完善。记录仿真过程中出现的问题和解决措施，并写下来，便于以后复习巩固。

出现问题： 解决措施：
_____ _____
_____ _____

推料装置
程序

2. 触摸屏画面设计

TIA Portal 博途集成了西门子触摸屏组态软件 TIA WinCC Advanced。在安装 Portal 软件时，操作系统要求 Win7 以上版本，最好是 64 位、8G 内存。使用 Portal 集成的 WinCC 可组态 HMI 设备。编写完成 PLC 程序、仿真运行正确后，便可进行触摸屏组态和画面设计，主要步骤如下。

（1）触摸屏组态

1）添加触摸屏硬件：双击项目树下的"■ 添加新设备"，打开"添加新设备"对话框，与添加 PLC 的过程相同，按照图 2-1-7 所示过程，选择触摸屏 KTP700 Basic、订货号 6AV2 123-2GB03-0AX0、版本 16.0.0，然后单击 确定 ，弹出 HMI 设备向导对话框，直接单击 完成(F) ，即可完成触摸屏的硬件添加。

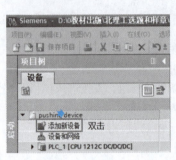
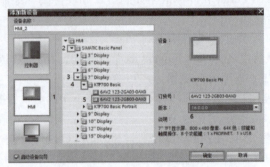

图 2-1-7　添加触摸屏的基本过程

2）进行 PLC 和触摸屏的通信组态：双击项目树下的"■ 设备和网络"，打开"网络视图"对话框，单击选中"■ 连接"，然后左键单击 PLC 网络接口，按住鼠标，会出现一条虚线，拖至触摸屏网络接口，然后松开左键，即可完成 PLC 和 HMI 之间的网络连接，如图 2-1-8 所示。此时，系统会默认为 PLC、HMI 分配 IP 地址。

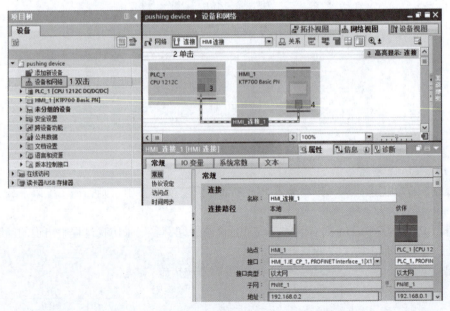

图 2-1-8　进行 PLC 和 HMI 之间的网络通信组态

3）进行 PLC 和触摸屏的属性设置：如果需要更改 PLC 和触摸屏的属性，可双击网络视图中的 PLC 或 HMI，然后在“设备和网络”对话框下面会弹出属性卡，在“常规”选项中可更改 PLC 或 HMI 属性，包括以太网地址、系统时钟等，也可更改 PLC、HMI、子网的名称。

学习笔记

（2）进行触摸屏画面设计

按照如图 2–1–9 所示步骤，打开根画面，使用工具箱中圆、文本、按钮、变量域相关工具进行画面设计，使用画面编辑工具栏对齐相关工具，完成画面布局美化。根画面中的相关图素可以删除，也可更改图素属性，详见二维码微课介绍。

触摸屏画面设计

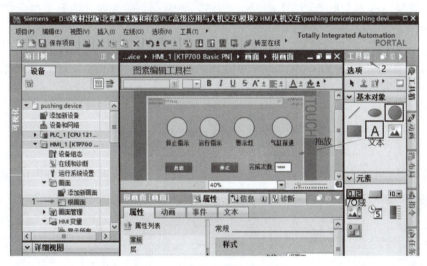

图 2–1–9　进行触摸屏画面设计

（3）添加触摸屏变量表

与 PLC 程序编写过程类似，触摸屏也需要添加变量表，以实现与 PLC 相关变量的关联或者定义触摸屏内部的变量。触摸屏变量根据画面实际需求来定义。根据表 2–1–5 完成推料装置触摸屏变量表的定义，结果如图 2–1–10 所示。

触摸屏变量表

pushing device ▸ HMI_1 [KTP700 Basic PN] ▸ HMI 变量 ▸ 变量表_1 [7]

变量表_1

名称	数据类型	连接	PLC 名称	PLC 变量	地址	访问模式	采集周期
HMI_启动	Bool	HMI_连接_1	PLC_1	触摸屏启动		<符号访...	1 s
HMI_停止	Bool	HMI_连接_1	PLC_1	触摸屏停止		<符号访问>	1 s
HMI_绿灯	Bool	HMI_连接_1	PLC_1	绿灯		<符号访问>	1 s
HMI_红灯	Bool	HMI_连接_1	PLC_1	红灯		<符号访问>	1 s
HMI_气缸指示灯	Bool	HMI_连接_1	PLC_1	气缸		<符号访问>	1 s
HMI_报警灯	Bool	HMI_连接_1	PLC_1	蜂鸣器		<符号访问>	1 s
HMI_次数	Int	HMI_连接_1	PLC_1	C1.CV		<符号访问>	1 s
<添加>							

图 2–1–10　触摸屏变量表的定义

（4）进行画面对象（图素）的组态

对触摸屏画面对象的组态就是将 PLC 变量与画面中图素建立关联，使图素随着变量值的改变发生相应变化，或者通过单击图素，使变量的值发生变化，进而通过 PLC 控制推料装置的运行。

按钮组态

圆组态

I/O 域组态

❓ 1）在图 2-1-9 中，启动和停止按钮需要和 HMI_启动、HMI_停止变量建立关联，建立_____关联，即_____。

❓ 2）在图 2-1-9 中，四个圆形需要和_____、_____、_____和_____4 个变量，建立_____关联。

❓ 3）在图 2-1-9 中，I/O 域 需要和_____建立关联，用于显示推料装置完成的次数。

图 2-1-9 所示触摸屏画面中共有 12 个图素（也叫画面对象），其中 5 个文本不需要和变量之间建立关联，其功能是用于说明对应图素的功能，其余 7 个画面对象都需要和 PLC 变量建立关联，即进行画面对象的组态。扫描二维码，完成按钮、圆形（指示灯）和 I/O 域的组态。

（5）仿真调试与完善

使用 PLC SIM 进行 PLC 和触摸屏的仿真调试，具体操作扫描二维码，进行仿真调试时，请记录出现的问题和解决措施。

出现问题：_____　　解决措施：_____

_____　　_____

PLC 和 HMI 联合仿真

进行仿真之前，按照图 2-1-11 所示设置项目属性，启用块编译时支持仿真功能。

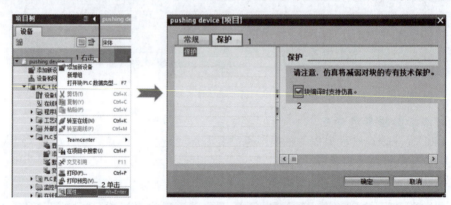

图 2-1-11　设置项目属性，启用块编译时支持仿真

3. 硬件连接，联机调试

使用网线，通过路由器将本地电脑与 PLC、HMI 连接，具体过程扫描二维码查阅。根据控制要求，按下启动、停止按钮，调试过程中记录出现的问题和解决措施。

出现问题：_____　　解决措施：_____

_____　　_____

联机调试

4. 技术文档整理

整理出项目技术文档，内容包括控制工艺要求、I/O 分配表、电气原理图、配盘布局图、程序、触摸屏操作说明等，并制作展示课件，为项目展示做好准备。

👍👍👍恭喜你，完成推料装置 PLC 控制和人机交互系统设计与安装调试，下面扫描二维码观看视频，查找存在的差异，修改并完善实施过程。

推料装置编程与人机界面设计

模块二 HMI 人机交互
项目一 推料装置 PLC 控制与人机交互
检查评价页

学生：
班级：
日期：

1.5 检查评价

1. 小组自查，预验收

扫描二维码下载预验收记录单，根据小组分工，项目经理与质检员根据项目要求和电气控制工艺规范，进行预验收，填写预验收记录。

2. 项目提交，验收。

扫描二维码下载项目验收报告单，各小组交叉验收，填写项目验收报告单。

3. 展示评价

进行小组展示，完成小组自评、组间互评、教师评价，评价表扫描二维码下载。

预验收记录单

项目验收报告单

考核评价表

4. 项目复盘

（1）总结归纳

（2）闯关自查

推料装置相关的知识点和技能点梳理如图 2-1-12 所示，对照，自查是否掌握了相关内容。如果掌握，则在知识点或技能点右侧用"√"标识；未掌握则用"×"标识。

图 2-1-12 评估检查图

（3）存在问题／解决方案／优化可行性

（4）激励措施

👍👍恭喜你，完成检查评价和技术复盘。相信你已掌握了 PLC 控制和人机交互项目设计、实施、检查的基本流程和关键要素。现在进入拓展提高环节，进一步领略人机交互的强大功能。

PLC 高级应用与人机交互	模块二 HMI 人机交互 项目一 推料装置 PLC 控制与人机交互 拓展页	学生： 班级： 日期：

1.6 拓展提高

恭喜完成推料装置 PLC 控制和人机交互系统设计与实施，现拟使用触摸屏上的功能键 [F1]、[F2] 控制推料装置的启动、停止，其他任务要求不变，尝试完成此功能。

1. 任务分析

（1）功能键是 HMI 触摸屏设备上的实际按键，在触摸屏的下方，可以对这些键的功能进行组态，查看触摸屏实物，找出功能键 [F1]、[F2] 的位置。根据前面启动、停止按钮的组态过程，分析一下需要为 [F1]、[F2] 按键进行什么样的组态？

（2）博途平台运行时，按住键盘 [Fn]+[F1] 键，可打开帮助文件，找到"使用功能键"相关内容，写出将触摸屏功能键设置为启动、停止的方法和步骤。

2. 任务实施

在项目一的基础上，进行功能键 [F1]、[F2] 的组态，步骤如图 2-1-13 所示，在模型树中展开触摸屏"画面管理"，双击"全局画面"，打开全局画面视窗，单击功能键 [F1]，然后选择"属性"，单击"事件"选项卡，再单击键盘按下，在右边事件列表窗进行置位位、复位位操作，过程与前面启动、停止按钮画面组态过程完全相同。

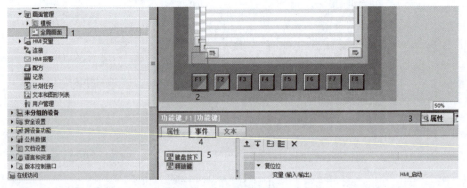

图 2-1-13 功能键组态步骤

联机调试步骤同前，PLC 和触摸屏联机成功，按下 [F1] 键，推料装置开始运行；按下 [F2] 键，停止工作。记录调试过程中出现的问题和解决措施。

出现问题：　　　　　　　　　　　　　　解决措施：

👍👍👍恭喜你，通过拓展项目，学会了触摸屏功能键的使用方法。触摸屏功能键有很多，对功能键功能的组态方法也很多，使用 Portal 帮助文件，可查阅功能键更多的使用方法。

1.7 知识链接

1. 人机交互系统构成

人机界面（Human Machine Interface）又称人机接口，简称为 HMI，泛指用户与系统之间交换信息的设备。系统可以是各种各样的机器，也可以是计算机化的系统和软件，如 PLC、计算机等。人机交互界面通常是指用户可见的部分，用户通过人机交互界面与系统交流，并进行操作。人机界面种类繁多，小如收音机播放按键、计算机显示器、银行 ATM 机，大至飞机上仪表板和发电厂控制室等。

在工业控制中，设备上最常用的人机交互装置是触摸屏（Touch Panel），它是人与系统相互交流信息的窗口，又称为"触控屏""触控面板"，是一种可接收触头等输入信号的感应式液晶显示装置。通过触摸屏和 PLC，可控制、监控现场的设备或系统用户可通过触摸屏画面设计软件进行画面设计、变量定义、动画组态等，如将画面下载到触摸屏中，然后在触摸屏的屏幕上生成满足自己需求的触摸式按键，通过按键操作，给 PLC 发送信号，控制设备动作。画面上的按键、指示灯可取代相应的硬件元件，减少 PLC 的输入输出点数，降低系统成本，提高控制系统的性价比，并可由液晶显示画面制造出生动的影音效果。

使用触摸屏构成的人机交互系统构架如图 2-1-14 所示，由计算机、触摸屏、PLC 等硬件和相应的触摸屏组态软件、PLC 编程软件以及通信接口等组成，不同触摸屏组态软件不同。触摸屏人机交互装置工作过程分组态和运行两个阶段。

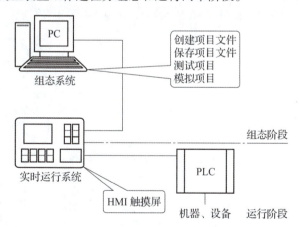

图 2-1-14　基于触摸屏的人机交互系统构架

组态阶段，通过专用的组态软件按用户需求设计好界面，即制作成"项目文件"，然后通过计算机通信口把"项目文件"下载到触摸屏中存储。

人机交互装置运行时，就可以按用户要求显示画面，处理用户输入信息。同时，装置通过通信口和 PLC 进行通信，读取或写入数据，实时显示 PLC 数据或控制 PLC。操作人员只需轻轻触摸屏幕上的图形对象，PLC 便会执行相应的操作，人的行为与机器的行为变得简单、直接。

2. 西门子人机界面

触摸屏是人机界面的发展方向，用户可以在触摸屏屏幕上生成满足工业需求的触摸式画面，使用直观、方便，易于操作。市面上的触摸屏品牌很多，如西门子、三菱、欧姆龙、Proface 等。

与 PLC 的发展相适应，西门子的人机界面已升级换代，过去的 177、277、377 系列人机界面已被精简面板系列、精智面板系列、移动面板系列等所取代，SIMATIC HMI 品种非常丰富，具体可登录西门子官网查阅相关手册。

西门子精简系列面板具有基本的人机交互功能，经济实用，性价比高，可满足用户对高品质可视化和便捷操作的需求。本书使用西门子精简面板系列中的 KTP700 Basic PN 精简面板，其外观如前面图 2-1-3 所示。

（1）KTP700 Basic PN 精简面板接口和设备构件

KTP700 Basic PN 精简面板接口如图 2-1-15 所示，①—电源接口，外接 24 V 直流电源；②—USB 接口，连接外围设备，如鼠标、键盘、U 盘、打印机、扫描仪等，不适用于调试和维护；③—Profinet 网络接口，用于与 PLC、计算机连接通信。

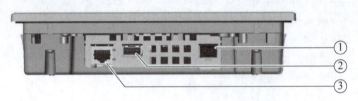

图 2-1-15 KTP700 Basic PN 精简面板接口

电源和安装需要专门配件，购买精简面板时，供货范围除包括精简面板外，还包括电源插头、装配夹，如图 2-1-16（a）和图 2-1-16（b）所示。

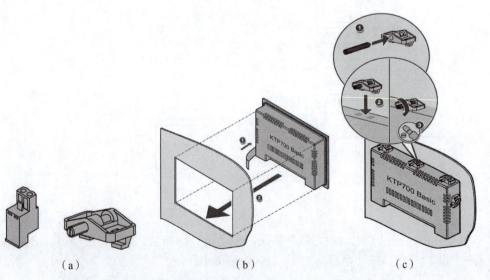

图 2-1-16 KTP700 精简面板配件及安装示意图
（a）电源插头；（b）带螺钉的装配夹；（c）KTP700 精简面板的安装

电源插头用于外接 24V 电源线,装配夹用于把触摸屏固定安装到配电柜或设备箱体,其安装过程如图 2-1-16 中(c)所示,首先将精简面板从前面装入安装截面,然后用装配夹将其固定到装配箱体上。不同尺寸的精简面板,装配夹使用个数不同,可根据西门子 HMI 使用手册来选择。

(2) **KTP700 Basic PN 精简面板与计算机、PLC 的连接**

KTP700 Basic PN 精简面板与计算机、S7-1200 系列 PLC 通过 Profinet 接口连接,如需要同时连接 PLC、计算机;需要选配路由器模块,实现三者的连接,如图 2-1-17 所示。CSM1277 为西门子紧凑型交换机模块,能够以线型、树型或星型拓扑结构,将 S7-1200 连接到工业以太网,增加多达 3 个用于连接的节点。

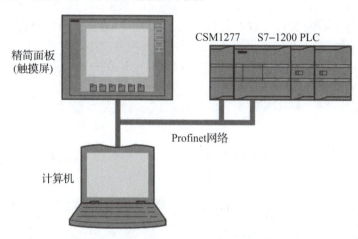

图 2-1-17　触摸屏与计算机、PLC 的连接

路由器模块也可选用其他品牌路由器,或者不选用路由器模块,将人机界面和 PLC 程序设计完成后,用计算机使用 Profinet 通信分别下载到 PLC 和触摸屏中,然后通过 Profinet 将 PLC 和触摸屏连接在一起即可使用。对于 CPU 1215、1217 PLC,其自带两个 Profinet 接口,不用选用路由器即可实现三者互联。

精简面板(触摸屏)电源为 DC 24 V,既可由外部直流电源供电,也可由 PLC 输出的 DC24V 电源供电,通过图 2-1-16(a)所示电源插头,使用电源线将"+"极连接 PLC 的"L+"端,"-"极连接 PLC 的"M"端。

精简面板的 Profinet 通信口与计算机的网口连接,可将组态项目文件下载或上传;与 PLC 通信口连接,可实现与 PLC 之间数据的通信传递。在使用 Portal 软件进行 HMI、PLC 的硬件组态时,系统默认计算机的通信地址为"192.168.0.1"、触摸屏地址为"192.168.0.2"、PLC 为"192.168.0.3",可以更改三者 IP 地址,但是必须保证在同一网段。IP 设置好后,可实现三者相互通信。

(3) **触摸屏的组态和运行**

触摸屏的基本功能是显示现场设备(通常是 PLC)中位逻辑变量的状态、数字量的值或者设备运行动画,用监控画面中的按钮或参数设置接口向 PLC 发送指令或修改 PLC 存储区的参数。触摸屏的组态与运行过程如图 2-1-18 所示。

图 2-1-18 触摸屏的组态与运行

1)设计监控画面：使用 Portal 软件对 PLC 和触摸屏进行通信组态，使用组态软件对触摸屏进行组态，包括硬件配置、画面设计、变量定义、画面和变量之间连接或动画定义等。

2)编译和下载项目文件：对组态画面进行编译，将建立的画面及设置的相关信息转换成触摸屏可以执行的文件，编译成功后，下载到触摸屏的存储器中。

3)运行 PLC：将 PLC 和触摸屏通过通信电缆连接在一起。运行 PLC 程序，可实现 PLC 和 HMI 之间通信，即将画面中的相关要素和 PLC 存储器中变量建立联系，通过触摸屏控制或显示现场设备相关数据。

3. HMI 组态软件介绍

西门子精简面板组态软件使用的是 WinCC，其已集成到 Portal 软件中，然后将软件安装到 Windows 操作系统下运行，其界面如图 2-1-19 所示。

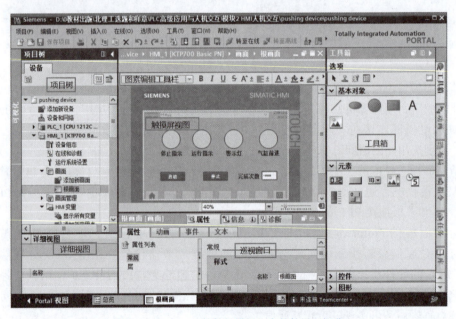

图 2-1-19 Portal 软件触摸屏组态软件界面概览

触摸屏组态界面与 PLC 编程界面类似，由项目树、详细视图、触摸屏视图、巡视窗口、工具箱等组成，详细介绍请扫描二维码。

使用该软件进行人机交互界面设计的一般过程如下：

(1)进行触摸屏组态

首先添加触摸屏，选择人机交互装置型号、序列号、版本号；然后建立与 PLC 的通信网络。

（2）定义触摸屏变量

与 PLC 变量表定义的方法相同，需要在项目树"HMI 变量"下双击"添加变量表"，添加项目的新变量表。变量表内可以定义两种类型的变量，一是 HMI 的内部变量；二是与 PLC 中变量相关联的变量。具体定义什么类型的变量，需要视具体项目来确定。

（3）进行画面设计

触摸屏设备上的监控画面根据不同行业、不同设备的工艺要求不同设计组态不同的画面。展开项目树中触摸屏目录，选择"画面""添加新画面"或双击"根画面"，在新建画面或根画面中使用窗口右侧"工具箱"中工具，如基本对象、元素、控件、图形等任务卡中相关工具，绘制设计画面中相关图素。如果使用新建画面，则需要通过画面连接相关指令，建立与根画面之间的连接，才能在运行时通过切换按键切换新的画面，该部分内容将在后面模块中介绍。

使用鼠标拖动单个拖动图素，或者选中多个图素，使用画面窗口顶端的画面调整相关工具（见图 2-1-19）对多个图素进行对齐、均布等操作，调整画面布局，使画面更加美观。

（4）进行画面图素的组态

画面图素，或者说画面对象组态是通过更改图素属性、添加动画和定义事件等，建立 HMI 变量与图素之间的关联，实现画面图素随变量的改变而变化，如图素颜色的改变、闪烁、移动，等等；或者通过单击画面图素，改变变量的值。也可将图素与 PLC 中变量直接关联，这样软件自动将关联的变量添加到触摸屏默认变量表中，并为变量添加默认名字，如 Tag1、Tag2 等。

（5）编译和下载运行测试

将画面各个要素设计、组态完成，并进行编译，完善画面，使用仿真软件或直接下载到 HMI 中进行运行测试。仿真时，添加 HMI 的版本必须选择 16.0.0 以上；仿真正确后，通过更改硬件，再将版本更改为 HMI 实际版本，详见微课。

4. 按钮、指示灯和 I/O 域的画面

为了形象地表现出被控对象工作原理、过程的动态变化情况，Portal 支持对画面及画面对象的动画编辑组态。例如指示灯亮灭、闪烁，字符等画面对象的可见和不可见，画面颜色随内部温度、压力等过程量变化而变化，机械部件的直线或曲线运动等。动画的编辑组态通常在属性编辑巡视窗格中的"属性""动画"和"事件"选项卡上操作，如图 2-1-19 所示。当在画面组态工作区窗格中选择对象后，在"动画"选项卡上会显示可以为该对象组态编辑的动画类型（Animation Types），包括画面对象属性的变量连接、画面对象的动态显示和移动。推料装置中使用了文本、按钮、圆、I/O 域等图素，下面介绍这些要素的组态方法。

（1）文本域组态

选中工具箱中 A "文本域"并将其拖至画面中，默认为 Text。双击 Text 可更改为文本内容。选中文本，巡视窗会弹出文本相关属性，通过巡视窗口相关属性或通过触摸屏视图上方的工具栏可更改文本大小、文本样式和颜色等。

（2）组态指示灯

画面中指示灯用于监视设备的运行状态。与添加文本域相同，将 ● "圆"拖放至画面中，拖拽圆四个角调整至合适大小。如图 2-1-20 所示，打开"属性"→"动

触摸屏仿真和下载

画"→"显示"对话框,在右边"外观"后单击添加新动画按钮,进入外观动画组态,然后选择 PLC 或 HMI 中变量表,建立与变量之间的连接,具体操作可扫描二维码。通过外观动画组态,实现指示灯颜色的变化,用于指示设备的工作状态。

(3) 组态按钮

画面中的按钮与接在 PLC 输入端的物理按钮功能相同,用于将操作命令发送给 PLC,通过用户程序控制生产过程。添加按钮至画面中,将按钮标签改为需要的名称,同圆一样,用鼠标可调整按钮大小,按住按钮移动鼠标可移动其位置。按钮巡视窗口内容与圆类似,有属性、动画、事件、文本四个选项卡。通过按钮"属性"选项卡可更改按钮颜色、文本等。通过"动画"选项卡,可添加显示、移动动画;通过"事件"选项卡,如图 2-1-21 所示,可用按钮添加"单击""按下""释放"等动作,建立按钮操作与变量之间的关联,具体方法请扫描本项目"1.4 项目实施"中"按钮组态"二维码。

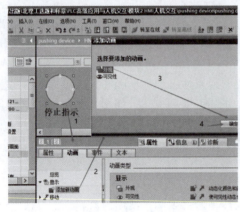

图 2-1-20 指示灯组态

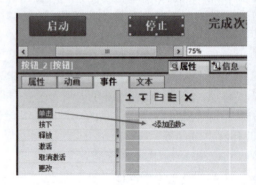

图 2-1-21 按钮组态

(4) 组态 I/O 域

I/O 域的作用是通过输入数据修改 PLC 的运行参数,或将 PLC 中的测量结果通过 I/O 域进行输出显示。通常有 3 种模式的 I/O 域:输出域,用于显示 PLC 中变量的数值;输入域,用于键入数字或字母,并用指定的 PLC 变量保存它们的值;输入/输出域,同时具有输入域和输出域的功能,操作员用它来修改 PLC 中变量的数值,并将修改后的数值显示出来。I/O 域的添加方法与按钮、圆相同,其组态方法请扫描本项目"1.4 项目实施"中"I/O 域组态"二维码。

👍👍👍恭喜你,完成了 PLC 控制和人机交互系统的设计和调试,清楚了 PLC 与 HMI 通信、画面设计和组态,这为后面项目的顺利开展和实施奠定了基础。

项目二　输送线 PLC 控制与人机交互

2.1 项目描述

工业生产中，输送线的应用非常广泛，主要用于完成物料的输送任务。在环绕库房、生产车间、包装车间等很多场地，均设置有由许多皮带输送机、滚筒输送机、提升机、转弯机等组成的一条条输送链。现有一条皮带输送线，采用三相异步电动机驱动，如图 2-2-1 所示，要求对其进行 PLC 控制和人机交互。

图 2-2-1　皮带输送线和电动机铭牌数据

1. 任务要求

使用触摸屏和 PLC 对输送线进行控制，触摸屏上设置启动、停止按钮和运行指示灯、停止指示灯、Y 形运行指示灯、△运行指示灯以及物料输送模拟动画。工作过程：按下启动按钮，电动机 Y 形启动，低速运行 1 s 后，电动机△形高速运行；物料向右输送，皮带右端安装一个行程开关，物料碰到行程开关，输送带停止；按下停止按钮，系统停止。运行期间，绿灯亮；停止期间，红灯亮。

请选择合适的 PLC、触摸屏，完成电气原理图、配电盘设计、线路安装、程序设计、画面设计和调试，实现输送线的自动控制和人机交互。

2. 学习目标

※ 能看懂电动机铭牌；
※ 会设计电动机 Y-△降压启动主电路；
※ 掌握电动机 Y-△降压启动 PLC 控制方法；
※ 能独立完成电动机 Y-△降压启动 PLC 控制系统设计、编程与装调；

※ 学会画面图素动画组态；
※ 会进行输送线运行画面的人机界面设计、组态和调试；
※ 能使用 DB 块实现 PLC 与 HMI 之间的数据交换；
※ 巩固顺序控制线路设计思路和方法；
※ 学会用专业术语进行沟通交流和分工协作。

3. 实施路径

输送线千差万别，但是输送线的动力源一般都是各种电动机。如图 2-2-1 所示输送线采用的是三相异步电动机。因此对输送线的控制，最终归结为对三相异步电动机进行控制，其任务实施流程如图 2-2-2 所示。

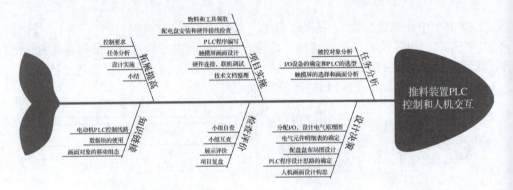

图 2-2-2　输送线 PLC 控制和人机交互实施路径

4. 任务分组

根据班组轮值制度，互换角色，小组讨论项目成员职责，填写表 2-2-1。

表 2-2-1　项目分组表

组名			小组LOGO	
组训				
团队成员	学号	角色指派	职责	
		项目经理		
		电气设计工程师		
		电气安装员		
		项目验收员		

PLC 高级应用与人机交互	模块二 HMI 人机交互 项目二 输送线 PLC 控制与人机交互 信息页	学生： 班级： 日期：

学习笔记

2.2 任务分析

1. 被控对象分析

通过之前项目，可以发现无论是什么样的控制系统，控制对象一般是为系统提供动力或声、光指示的器件，如指示灯、蜂鸣器和气缸电磁换向阀。本项目输送线动力源是三相交流异步电动机，因此被控对象是电动机。

1）电动机种类很多，有单向、三相，交流或直流。根据学过的知识，使用思维导图，在空白区域绘制电动机类型图。

2）对照图 2-2-3 说明三相交流异步电动机工作原理，绘制图形符号。

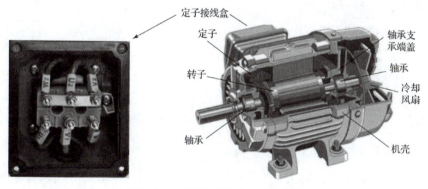

图 2-2-3 三相交流异步电动机结构

电动机原理和星三角接法

工作原理：　　　　　　　　图形符号：

3）在三相交流异步电动机定子三相绕组中，每相绕组由一个线圈组成，缠绕时空间上互隔 120°。每个线圈引出 2 个接线端子到定子接线盒中，定子接线盒有 6 个接线端子，分别是绕组 U1—U2、V1—V2、W1—W2，引脚符号如图 2-2-4 所示。根据电气控制相关知识，在图 2-2-4 中，绘制出电动机 Y 和 △ 两种接线方式。

```
○U1  ○V1  ○W1        ○U1  ○V1  ○W1
○W2  ○U2  ○V2        ○W2  ○U2  ○V2
```

电动机 Y 接线方式　　　电动机 △ 接线方式

图 2-2-4 两种接线方式

（4）三相交流异步电动机 Y 接法，定子每相绕组两端电压是_____V，电动机是_____速运行；△接线，每相绕组两端电压是_____V，电动机是_____速运行。因此，电动机经常在启动时，先 Y 形启动，运行一段时间，再△接法运行，即著名的电动机 Y-△降压启动。

（5）根据之前所学知识，电动机 Y-△降压启动控制主电路一般设计如下，试说明其工作原理。

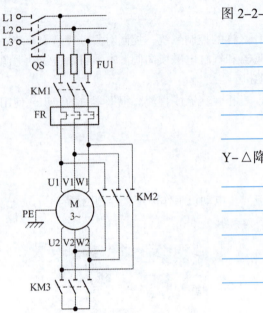

图 2-2-5 中各符号代表的含义：_____

Y-△降压启动原理：

图 2-2-5　Y-△降压启动主电路

2. I/O 设备的确定和 PLC 的选型

由图 2-2-5 可以看出，输送装置的被控对象是电动机，电动机 Y-△降压启动是由交流接触器 KM1、KM2、KM3 实现的，工作电压为 220 V 或 380 V。输送线 PLC 输出设备是三个交流接触器的线圈、绿色指示灯和红色指示灯。

1）三相交流异步电动机可否直接连接到 PLC 输出端？_____

2）查阅 S7-1200 PLC 手册中 PLC CPU 技术规范，S7-1200 PLC 额定输出电流（最大）是_____mmA，输出端工作电源（对于继电器输出型）为单相交流 220 V，因此三相交流异步电动机不能直接接到 PLC 输出端。

3）根据已掌握的 PLC 控制知识，下列选项中，_____可以直接作为 PLC 的输出，_____是工业中典型的被控对象。电动机一般是由_____控制自动接通或断开的；气缸或油缸一般是由_____控制自动接通或断开的。

A. 指示灯　B. 电磁阀　C. 中间继电器　D. 交流接触器　E. 电动机　F. 气缸　G. 油缸　H. 传感器　I. 按钮　J. 蜂鸣器

特别需要说明的是，电动机的功率如果比较大，选用控制其运行的交流接触器，工作电流也会特别大。对于大功率的交流接触器，也不能直接连接到 PLC 输出端，工业中一般选用中间继电器或固态继电器转换一下。

4)分析项目任务,确定本项目输入设备有哪些。

5)查阅行程开关资料,简要说明行程开关工作原理,并绘制行程开关文字代号的图形符号。

工作原理: 图形符号:

6)根据前面分析,系统共需要_____个输入信号、 个输出信号。输入为数字量、24 V 直流供电,输出有 3 个交流信号,需要 220 V 交流供电,因此根据 PLC 选型原则,选用 PLC 型号是_____,订货号是_____。

4)根据之前所学知识,如 PLC 选为 CPU 1214C DC/DC/RLY,在一张空白纸上尝试设计电动机 Y-△降压启动 PLC 控制线路图,试说明其工作原理。

包含电动机的控制项目,PLC 电气原理图的绘制不仅要包括电源电路、PLC 控制线路,还要包括主电路。主电路是电动机接通、运行的线路,一般设计的 PLC 电气原理图在左侧,控制线路设计在右侧。

3. 触摸屏选择和画面分析

1)分析项目任务,确定画面构成要素。

2)简要写出添加和组态按钮的基本过程。

3)简要写出添加和组态指示灯的基本过程。

4)输送线项目需要增加物体移动动画,进行微课学习,简要写出进行物体移动动画设计的基本过程。

5)写出使用触摸屏进行人机交互系统设计的基本过程。

6)写出触摸屏画面设计的三要素。

👍👍👍**恭喜你**,通过引导问题,对 PLC 被控对象、触摸屏画面设计有了深层次的认识。工业中,PLC 不管是控制单机设备,还是控制复杂生产线、整个工厂,PLC 的最终控制对象可以说只有三类:电动机、气缸或油缸、指示灯或报警器。进行触摸屏画面设计的关键是:画面设计、变量定义和画面组态。画面组态就是对画面中图素的属性、动画、事件等进行相关定义。

| PLC 高级应用与人机交互 | 模块二 HMI 人机交互
项目二 输送线 PLC 控制与人机交互
设计决策页 | 学生：
班级：
日期： |

2.3 设计决策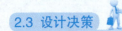

1. 分配 I/O 地址和 PLC 电气原理图设计

1）输送线输入信号为启动按钮、停止按钮和行程开关，输出信号为绿色指示灯、红色指示灯和 3 个交流接触器。对输入、输出设备信号分配地址、定义名称，完成表 2-2-2 的填写。

表 2-2-2 输送线 I/O 分配表

输入端口					输出端口				
序号	地址	元件名	符号	变量名	序号	地址	元件名	符号	变量名

2）根据 I/O 分配表，查阅 CPU 1214C AC/DC/RLY 接线图，补充完成图 2-2-6 所示输送线 PLC 控制电气原理图。

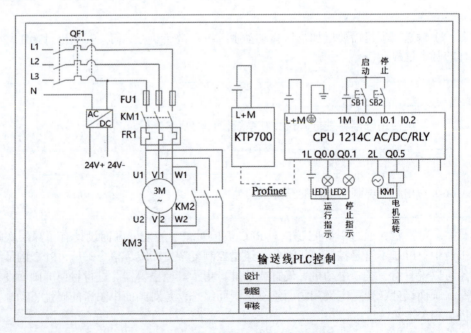

图 2-2-6 输送线 PLC 控制电气原理图

3）完整的电气原理图包括_____、_____和_____三部分。对照图 2-2-6 说明三个交流接触器为什么不能与指示灯共同接在 1L 公共端。

4）对照图 2-2-5 说明 PLC 控制电动机 Y-△降压启动原理。

2. 电气元件明细表的确定

根据电气原理图，搜集查阅资料，填写表 2-2-3，完成电气元件的选择。

表 2-2-3　电气元件明细表

序号	元件名称	规格型号	符号	单位	数量	备注

3. 配盘布局图设计

输送线控制对象是一台电动机、两个指示灯，控制系统简单，根据电气原理图和电气元件规格型号，添加附页，绘制配盘布局图，为线路装调提供依据。进行配盘布局设计时，注意强弱电的分离，设计过程可扫描二维码观看。

输送线配电盘布局图

4. PLC 程序设计思路的确定

（1）PLC 与 HMI 关联变量规划

1）PLC 输入信号可以与 HMI 中按钮关联，通过 HMI 中按钮能改变输入信号的值吗？如果不能，为什么？

2）在 PLC I/O 表中，哪些变量需要与触摸屏中变量关联？

3）触摸屏画面中需要模拟皮带传输物体的运动画面，那么在 PLC 变量表中添加什么变量？该变量应该是什么类型的数据？

4）PLC 中用于存储程序执行期间中间结果的存储器有什么？项目一中，使用了哪两个中间变量与触摸屏中变量关联？

程序设计思路介绍

（2）PLC 数据块的定义

PLC 中除了可以使用位存储器 M 中的变量存取程序中间运行结果，也可以使用数据块指令。

❓1）什么是数据块（DB）？数据块存储器和位存储器（M）有什么区别？两者可以定义的数据类型相同吗？

❓2）位存储器可以定义的数据类型有哪些？举例说明。

❓3）PLC 变量表中定义的变量的数据类型有哪些？可以定义浮点数、实数吗？

❓4）数据块（DB）分为全局数据块和局部数据块，两者有何不同？举例说明。

为了便于 PLC 与触摸屏关联变量的统一管理，这里采用 PLC 全局数据块来定义与触摸屏对应的变量，如图 2-2-7 所示，定义触摸屏启动、停止和物体移动变量，物体移动变量命名为 X_move，数据类型为整型（Int）。数据块（DB）既可用于保存程序执行期间写入的值，也可用于存储各种类型的数据。

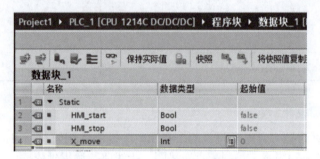

图 2-2-7　PLC 与 HMI 关联的数据块的定义

（3）PLC 程序设计思路

PLC 程序编写一般采用模块化设计思路。根据项目控制要求，为了实现输送线的动作要求，并在触摸屏上模拟物体的运动，整个程序可以分为四部分：电动机控制、绿色指示灯控制、红色指示灯控制和触摸屏上物体运动控制。电动机是典型的顺序控制，尝试设计电动机控制顺序功能图，并简要描述其工作原理。

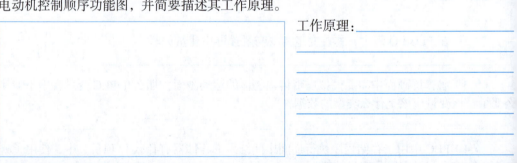

进行程序编写时，首先按照电动机控制顺序功能图完成电动机的控制；再根据控制要求，使用逻辑控制思路编写绿色指示灯、红色指示灯程序；最后，再根据触摸屏上拟实现的输送线物体运动模拟画面，使用"数学函数"中"递增"指令编写物体运动变量 X_move 值自动累加程序。

5. 人机画面设计构思

(1) 绘制触摸屏画面草图。

根据控制要求，设计触摸屏画面，并在空白处绘制草图。其主要图素要包括：启动和停止按钮、绿色和红色指示灯、输送线画面（静态）和物块（需要移动）。

触摸屏画面元素可以通过工具箱内工具添加，也可使用复制、粘贴功能从其他图片文件中截取图像添加进来。

(2) 触摸屏变量表。

根据画面中需要进行组态的图素，触摸屏中需要添加的变量如表 2-2-4 所示，请填写 PLC 中需要关联的变量的相关信息。

表 2-2-4 触摸屏和 PLC 之间关联的变量表

HMI 中变量			PLC 中关联的变量			
序号	变量名	变量类型	序号	变量名	变量地址	变量类型
1	HMI_启动	Bool	1			
2	HMI_停止	Bool	2			
3	HMI_绿灯	Bool	3			
4	HMI_红灯	Bool	4			
5	HMI_Y 形启动	Bool	5			
6	HMI_△形运行	Bool	6			
7	HMI_X 轴移动	Int	7			

(3) 触摸屏画面组态

图 2-2-9 中拟设计的画面中的图素需要和表 2-2-5 中触摸屏变量之间进行组态，即定义图素和变量之间的关联，通过单击图素触发变量值发生变化，或者随着变量值的变化改变图素的属性或使图素运动。根据控制要求，完成表 2-2-5 中图素与变量关系表的填写。

表 2-2-5 触摸屏画面图素和 HMI 变量之间关联关系表

序号	图素	关联变量	要组态的功能	备注
1	启动按钮			
2	停止按钮			

续表

序号	图素	关联变量	要组态的功能	备注
3	绿色指示灯			
4	红灯指示灯			
5	Y形启动指示灯			
6	△运行指示灯			
7	物体移动			
8	HMI_X轴移动			

👍👍👍恭喜你,完成了设计决策。接下来,进入项目实施,验证设计决策是否可行、是否达成预设的任务目标。

PLC 高级应用与人机交互	模块二 HMI 人机交互 项目二 输送线 PLC 控制与人机交互 项目实施页	学生： 班级： 日期：

2.4 项目实施

1. 物料和工具领取

根据电气元件明细表 2-2-3 领取物料，同时选择安装线路（要使用电工工具），并完成表 2-2-6 的填写。

表 2-2-6　电工工具领料表

序号	工具名称	规格型号	数量	备注

2. 配电盘的安装

根据配盘布局图和电气原理图，以及完成电气配盘的工艺要求，电气安装工程师完成电气硬件线路安装任务。

1）根据配盘布局图划线；
2）线槽的切割；
3）通信模块、PLC 及电气元件安装；
4）电源电路连接；
5）电动机主电路连接；
6）PLC 输入、输出电路的连接；
7）按钮盒的安装，包括按钮、指示灯以及与配电盘 PLC 的连接；
8）电动机与配电盘输出端子的连接；
9）触摸屏的安装。

请将实际操作过程中遇到的问题和解决措施记录下来。
出现问题：　　　　　　　　　　　　　解决措施：

_____　_____
_____　_____

配盘及检查

3. 硬件接线检查

安装完毕，电气工程师自检，确保接线正确、安全，检查内容顺序如下。

（1）断电检查，确保接线安全。

使用万用表欧姆挡，检查电源接线是否正确，包括配电盘总电源、24V 电源、地线、三相异步电动机接线等，确保没有短接，并按照表 2-2-7 完成自检。

表 2-2-7 断电自检情况记录

序号	检测内容	自检情况	备注
1	220 V 火线和零线是否短路		
2	24 V 电源正负极之间是否短路		
3	三相电两两之间是否短路		
4	三相火线和零线之间是否短路		
5	三相火线和地线之间是否短路		

(2) 通电检查，确保接线正确。

从 24V 电源正、负极端引接两根测试线，然后使用这两根测试线对 PLC 输入、输出点逐一进行检测，确保 PLC 输入、输出电路连接正确，并完成表 2-2-8 的填写。

表 2-2-8 通电测试

序号	检测内容	自检情况	备注
1	目测电源指示灯是否亮		
2	目测 24 V 电源是否亮		
3	目测 PLC 电源是否亮		
4	如 PLC 输入是共阳极接法，则使用 24 V 正极引线逐一点动接触输入点，观察输入点是否亮		
5	如 PLC 输入是共阴极接法，则使用 24 V 负极引线逐一点动接触输入点，观察输入点是否亮		
6	给行程开关一个触发信号，观察对应输入点是否亮		
7	使用 24 V 电源正极引线逐一点动接触 PLC 输出点，注意检查接触器是否吸合、指示灯是否工作。		
8	操作按钮盒按钮，检查 PLC 输入点是否工作		

4. PLC 程序编写

根据前面编程思路，进行输送线程序的编写，主要步骤与之前项目类似，于此不再赘述。输送线程序编写大致过程如下：

(1) PLC 硬件组态

添加 PLC，选择 CPU 1214C AC/DC/RLY，订货号 6ES7 214-1HG40-0XB0，版本 V4.2（可根据实训室实际 PLC 来选择相关信息），使用系统默认分配的 IP 地址即可，一般是 192.168.0.1。

(2) 添加 PLC 变量表

根据前面设计好的变量表，展开项目树→"PLC_1"→"PLC 变量"，双击 **添加新变量表**，添加"变量表_1"，然后添加变量参考图 2-2-8。

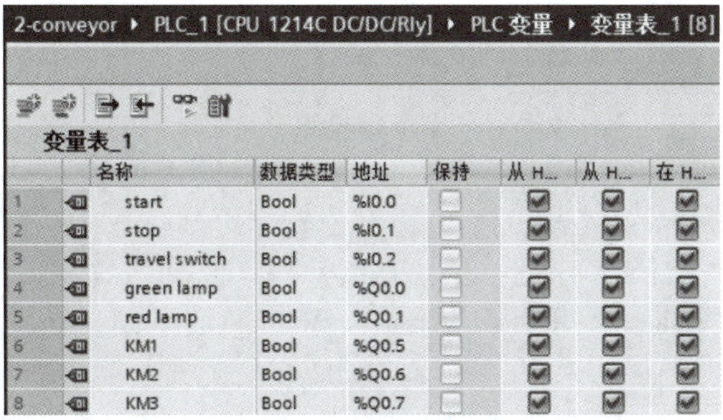

2-conveyor ▸ PLC_1 [CPU 1214C DC/DC/Rly] ▸ PLC 变量 ▸ 变量表_1 [8]

变量表_1

	名称	数据类型	地址	保持	从 H...	从 H...	在 H...
1	start	Bool	%I0.0	☐	☑	☑	☑
2	stop	Bool	%I0.1	☐	☑	☑	☑
3	travel switch	Bool	%I0.2	☐	☑	☑	☑
4	green lamp	Bool	%Q0.0	☐	☑	☑	☑
5	red lamp	Bool	%Q0.1	☐	☑	☑	☑
6	KM1	Bool	%Q0.5	☐	☑	☑	☑
7	KM2	Bool	%Q0.6	☐	☑	☑	☑
8	KM3	Bool	%Q0.7	☐	☑	☑	☑

图 2-2-8　PLC 变量表

学习笔记

1）图 2-2-8 中，KM1、KM2、KM3 的地址为什么从 Q0.5 开始？为什么不直接与两个指示灯的地址连接在一起？

2）尝试单击“导出”按钮，导出变量表，在 Excel 中编辑变量，保存，然后再单击“导出”按钮，将变量添加进去。通过体验，你认为对于大型工程项目，PLC 变量表的定义是直接在 Portal 中添加方便，还是使用 Excel 编辑好后再导入方便？

（3）添加数据块

展开项目树→“PLC_1”→“程序块”，双击 添加新块 ，添加数据块，数据块命名为“数据块 _HMI”，数据块变量添加参考图 2-2-9。

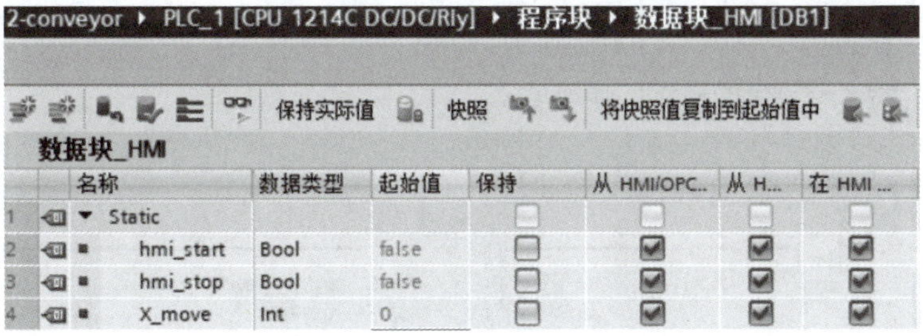

2-conveyor ▸ PLC_1 [CPU 1214C DC/DC/Rly] ▸ 程序块 ▸ 数据块_HMI [DB1]

保持实际值　快照　将快照值复制到起始值中

数据块_HMI

	名称	数据类型	起始值	保持	从 HMI/OPC..	从 H...	在 HMI ...
1	▾ Static			☐	☐	☐	☐
2	▪ hmi_start	Bool	false	☐	☑	☑	☑
3	▪ hmi_stop	Bool	false	☐	☑	☑	☑
4	▪ X_move	Int	0	☐	☑	☑	☑

图 2-2-9　PLC 数据块定义

（4）PLC 程序设计

根据模块化设计思想，展开“程序块”，双击 Main [OB1] ，在编程窗口编写程序。首先根据顺序功能图编写电动机运行程序；然后根据指示灯的运行条件，编写指示灯程序。电动机、指示灯程序编写思路与之前项目类似，在此不再赘述。

双击程序块中 添加新块 ，按图 2-2-10 操作添加 FC，命名为“HMI 物体移动程序”。

使用“递增”指令、“比较”指令、“移动”指令等在 FC 块中编写以下程序，如图 2-2-11 所示。

在程序段 1 中，当电动机运行期间，使用 1 Hz 系统时钟触发“递增”指令块，触摸屏中物体移动变量 X_move 自动加 1；程序段 2 是限定 X_move 的值最大不超过 100，这个值根据实际情况来调整，在此限制 100 是为了便于后面进行触摸屏画面物体移动组态时，设置 X_move 与物体移动像素之间的比例参数。

学习笔记

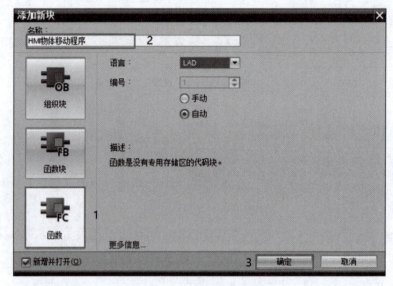

图 2-2-10　FC 程序块的添加

图 2-2-11　程序段

递增和递减指令

比较指令

5. 触摸屏画面设计

（1）触摸屏硬件组态

添加触摸屏硬件，触摸屏选 KTP700 Basic，订货号 6AV2 123-2GB03-0AX0，版本 16.0.0.0（该版本可用于仿真，如果下载到真实触摸屏中，需根据实际，更改版本号）。当弹出图 2-2-12 所示 HMI 设备向导对话框时，可单击"浏览"选择已添加的 PLC，然后单击"完成"按钮即可完成 HMI 的添加和网络的自动组建，系统会自动为 HMI 分配 IP 地址，一般默认是 192.168.0.2。

（2）画面设计

在项目树中展开"HMI_1"→"画面"，选中"根画面"，使用"工具箱"相关工具，在触摸屏视图区绘制触摸屏用户界面，参考如图 2-2-13 所示。

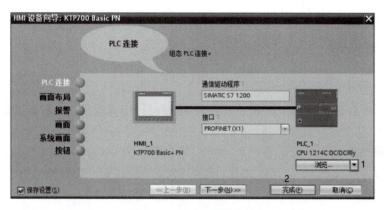

图 2-2-12　HMI 设备向导

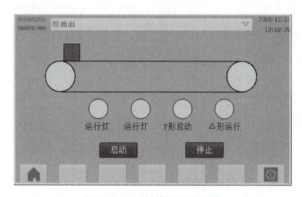

图 2-2-13　触摸屏用户界面

（3）触摸屏变量定义

在项目树中展开"HMI_1"→"HMI 变量"，双击 添加新变量表 ，添加变量表_1，双击打开，按照图 2-2-14 所示 1~8 步骤逐一添加、选择相应项目，完成触摸屏变量表的定义，全部变量与 PLC 变量表或数据块相关联。

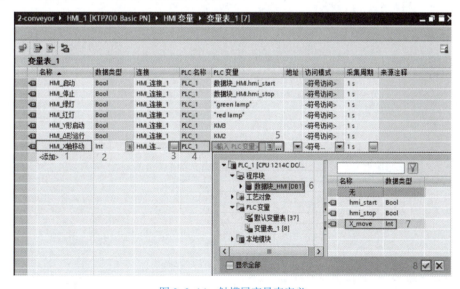

图 2-2-14　触摸屏变量表定义

触摸屏画面组态

输送线程序和人机界面

（4）画面图素组态

将图 2-2-13 所示画面中需要变化的图素与图 2-2-14 所示变量进行关联，用按钮添加"事件"组态、指示灯添加"动画"外观组态、方形物块添加"动画"水平移动组态。

6. PLC 和 HMI 联机仿真调试

使用 S7-PLC SIM 程序，对 PLC 程序和 HMI 进行仿真调试，根据调试结果，修改并完善程序或 HMI 画面，直至达到预期目标，同时记录出现的问题和解决措施。

出现问题： 解决措施：

_____ _____

_____ _____

7. 硬件连接，联机调试

仿真调试正确后，将程序、HMI 画面下载到真实 PLC 和触摸屏中，进行硬件调试，查看运行结果是否与控制要求一致，并记录调试过程中出现的问题和解决措施。

出现问题： 解决措施：

_____ _____

_____ _____

8. 技术文档整理

按照甲方需求，整理出项目技术文档，移交给甲方，内容包括控制工艺要求、I/O 分配表、电气原理图、配盘布局图、程序、操作说明等。

👍👍👍恭喜，完成输送线项目安装、编程与调试，掌握了电动机 Y-△降压启动 PLC 控制原理、程序设计、触摸屏画面组态相关知识和技能，现在进入检查评价环节，查找优势和不足。

模块二 HMI 人机交互
项目二 输送线 PLC 控制与人机交互
检查评价页

2.5 检查评价

1. 小组自查、预验收

根据小组分工，项目经理和质检员根据项目要求和电气控制工艺规范进行预验收，并填写预验收记录。请扫描二维码下载表格。

2. 项目提交、验收

组内验收完成，进行小组交叉验收，填写验收报告。请扫描二维码下载表格。

3. 展示评价

各组展示作品，介绍任务完成过程、制作过程视频、运行结果视频、整理技术文档并提交汇报材料，进行小组自评、组间互评、教师评价，完成考核评价表。请扫描二维码下载表格。

4. 项目复盘

（1）闯关自查

输送线控制项目关键知识点、技能点和素质点梳理如图 2-2-15 所示，对照检查一下，是否掌握了相关内容。

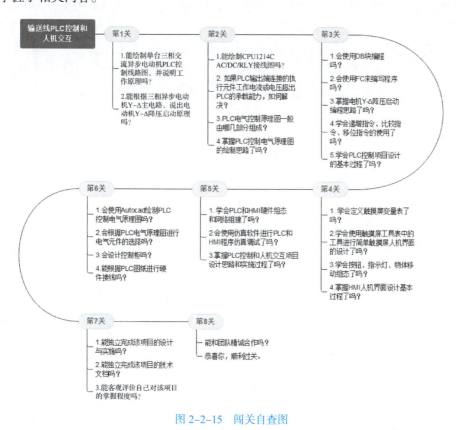

图 2-2-15 闯关自查图

（2）总结归纳

对输送线 PLC 控制和人机交互项目进行归纳，总结所学、所获。

_____
_____
_____

（3）存在问题／解决方案／优化可行性

在项目设计、实施过程中，会存在若干问题，根据自己的实践，写出存在的问题和解决方案，并提出建设性意见。

_____
_____
_____

（4）激励措施

_____
_____
_____

👍👍👍恭喜你，完成检查评价和技术复盘。通过输送线 PLC 控制和人机交互项目，你学会了工业中典型的三类被控对象（电动机、气缸或油缸、指示灯或报警器）PLC 控制的设计思路和方法，学会了人机界面设计的入门知识和技能，通过后面更高级模块项目的设计及实施，你运用 PLC 和 HMI 进行工业控制项目的能力会进一步得到提高和升华。

| PLC 高级应用与人机交互 | 模块二 HMI 人机交互
项目二 输送线 PLC 控制与人机交互
拓展页 | 学生：
班级：
日期： |

2.6 拓展提高

三相异步电动机应用十分广泛，在工业、农业、交通、军事、科技等领域无处不在。例如，工厂里的机械设备绝大多数由其提供动力，煤矿的引风机、卷扬机、吊车，加工用的车床以及农村用的各种水泵、碾米机、制粉机等都是采用它来驱动的。在液压机设备中，它用来为油泵提供动力。现有一液压机生产厂家批量生产如图 2-2-16 所示的四柱万能液压机，上下活动梁下面可安装上模具，工作台上面可安装下模具，将需要冲压的工件安装在下模具上，上下活动梁带动上模具向下移动，完成工件加工动作。

现在厂家要求为该液压机配套设计 PLC 控制和人机交互系统，实现设备的自动运行和生产数据的监控，要求为厂家提供一整套控制系统设计方案，包括电气原理图、电控柜图、PLC 程序和人机交互画面。

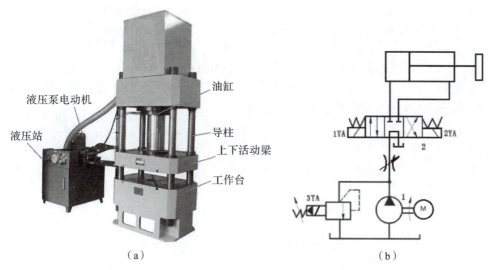

图 2-2-16 四柱万能液压机外观图和液压系统原理图
（a）液压机外观；（b）液压机液压系统原理图

1. 控制要求

液压机工艺动作要求如下：

1）按下启动按钮，系统运行，绿灯亮，油泵电动机和先导式溢流阀工作，先导式溢流阀为电控阀；按下停止按钮，系统停止，红灯亮。

2）人工或前序工位在工作台上安装好工件，行程开关检测到安装信息，延时 1 s，油缸工作，上下活动梁带动上模具下移，完成零件的加工；下移到位（油缸上安装磁性开关，检测油缸活塞），延时保压 1 s，上模具退回。如此循环，不间断完成零件加工工作。

3）工作台和上下活动梁周边安装适当检测装置，设备运行，如检测到有异物，则上下活动梁不工作。

4)设计人机界面,在触摸屏上也可控制设备启动、停止,指示设备运行、停止状态及完成冲压次数统计。同时,模拟冲压过程的动作。

2. 任务分析

1)分析如图 2-2-16(b)所示液压系统原理图,指出图中各液压电气元件的名称,并说明其工作原理。

_____

_____

2)根据控制要求,可确定被控对象有 4 个,即____、____、____和____。PLC 输出信号有 6 个,即____、____、____、____、____和____。PLC 输入信号有 5 个,即____、____、____、____和____。

3)液压机工作期间,为避免工人或设备安装工件时设备误动作,导致生命或设备安全问题,一般会在设备上安装安全光栅传感器(也叫安全光幕),如有异物进入会遮挡安全光栅产生信号。请查阅、搜集安全光栅传感器资料,并说明其工作原理。

_____

_____

4)根据输入、输出信号,查阅西门子 PLC 和触摸屏手册,选择 PLC 和 HMI。PLC 型号为_____,订货号为_____;触摸屏型号为____,订货号为_____。

5)为了丰富触摸屏画面的内容,液压机触摸屏画面可设计两个,主画面上设置操作按钮和指示灯,加工次数;另一个画面中设置设备动作模拟画面。查阅相关资料,如何实现触摸屏两个画面之间的相互切换?

_____

_____

3. 设计实施

1)填写表 2-2-9,完成液压机 I/O 设备地址的分配。

表 2-2-9 液压机 I/O 设备地址分配表

输入端口					输出端口				
序号	地址	元件名称	符号	功能	序号	地址	元件名称	符号	功能

2)使用 AutoCAD 或 EPLAN 软件,进行液压机 PLC 控制电气原理图设计。

3)根据原理图,进行电气元件明细表的制订,见表 2-2-10。

表 2-2-10 电气元件明细表

序号	元件名称	规格型号	符号	单位	数量	备注

4)根据电气原理图及选择电气元件的大小,使用 AutoCAD 软件绘制电气配盘布局图。

5)根据控制要求,绘制液压机动作顺序功能图,然后进行程序设计与仿真调试。

6)根据任务要求,完成触摸屏画面设计、变量定义、图素组态以及与 PLC 的联机仿真调试。

7)整理控制要求、I/O 分配表、电气原理图、元件明细表、控制柜图、程序和人机界面等技术资料。

4. 小结

通过拓展项目,你有什么新的发现和收获?请写在下面。

拓展项目
详解

恭喜你,进一步提升了 PLC 控制及人机交互界面系统开发知识和技能,学会了使用 S7-1200 PLC 进行逻辑控制和利用 KTP700 Basic 精简面板进行触摸屏人机交互界面设计的开发方法,熟悉了工业中典型的被控对象(电动机、气缸或油缸、指示灯或蜂鸣器),认识到不论 PLC 控制的设备或生产线如何复杂,其最终被控对象无外乎电动机、气缸、油缸、指示灯或蜂鸣器五种。

2.7 知识链接

1. 电动机 PLC 控制线路设计

电动机是工业中应用最广的驱动装置，是 PLC 控制系统中最典型的被控对象。但是，电动机工作电流比较大，一般情况下电动机不能与 PLC 输出端直接连接，大多是由 PLC 控制交流接触器或中间继电器，然后再由交流接触器或中间继电器控制电动机工作。下面介绍几种常见的电动机 PLC 控制线路的设计思路和方法。

（1）直流电动机

对于小功率的直流 24 V 电动机，可以直接将电动机连接到 PLC 的输出端，其 PLC 输出端线路与指示灯、电磁阀相同，即将指示灯或电磁阀符号转换为直流电动机符号。对于大功率的直流电动机，需要通过中间继电器来控制电动机的接通或断开，如图 2-2-17 所示。

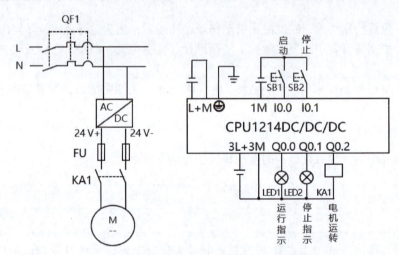

图 2-2-17　大功率 24 V 直流电动机 PLC 控制线路

在图 2-2-17 中，PLC 通过控制输出端 Q0.2 回路的接通或断开，来控制中间继电器 KA1 工作，通过 KA1 触电，接通左侧直流电动机主电路，使电动机工作。

（2）单相交流电动机

交流电动机一般分为单相或三相。对于小功率单相交流电动机 PLC 控制线路，将 PLC 换成继电器输出 PLC，将中间继电器换成交流接触器即可，PLC 控制线路如图 2-2-18 所示。对于大功率单相交流电动机，交流接触器功率也比较大的情况下，不能直接将交流接触器连接到 PLC 输出端，此时需要通过中间继电器进行转换一下，其 PLC 控制线路如图 2-2-19 所示。在图 2-2-19 中，PLC 也可以选择直流供电、晶体管输出型 PLC。

（3）三相交流异步电动机

三相交流异步电动机 PLC 控制线路，对于一般低于 7.5 kW 的小功率电动机，可直接用

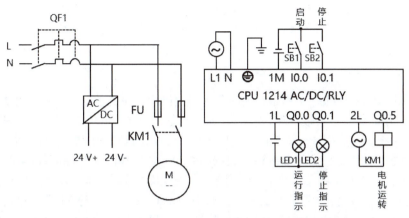

图 2-2-18 小功率 220 V 单相交流电动机 PLC 控制线路

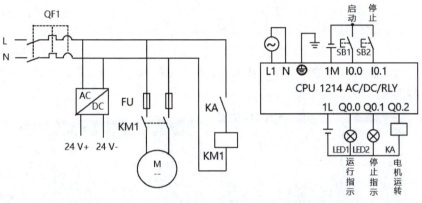

图 2-2-19 大功率单相 220 V 交流电动机 PLC 控制线路

PLC 输出控制交流接触器，然后用接触器控制电动机主电路即可。对于大功率电动机，其 PLC 控制线路如图 2-2-20 所示，PLC 可以选择交流供电、继电器输出，也可以选择直流供电、晶体管输出。PLC 通过控制中间继电器 KA 线圈接通或断开，来控制其触点接通，通过触点 KA 控制交流接触器线圈 KM，然后通过交流接触器主触点控制电动机接通或断开。

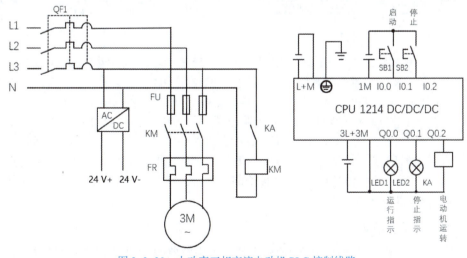

图 2-2-20 大功率三相交流电动机 PLC 控制线路

电动机种类很多，形状各异，但是普通电动机 PLC 控制线路基本上无外乎以上几种，读者可根据实际项目来设计相应的 PLC 控制线路。当然，对于电动机调速、伺服控制等 PLC 控制线路设计又大不相同，后面模块中会进行详细介绍。

2. 数据块的使用

数据块 DB（Data Block）用于在用户程序中存储代码块的数据。相关代码块执行完成后，DB 中存储的数据不会被删除。数据块（DB）分为全局数据块（全局 DB）和背景数据块（背景 DB）。全局数据块允许任何代码块如 OB、FB 或 FC 都可访问，而背景数据块中仅存储特定功能块的数据。背景数据块中数据的结构反映出功能块 FB 的参数类型（Input 输入、Output 输出、InOut 输入输出、Static 静态），功能块的临时变量不存储在背景数据块中。

数据块的添加方法如图 2-2-21 所示，展开"项目树"→"程序块"，单击"添加新块"，弹出"添加新块"对话框，选中"数据块"，输入名称，如默认名称"数据块_1"，单击"确定"按钮，在项目树中完成数据块的添加。

在"项目树"中，双击打开新添加的"数据块_1"，如图 2-2-22 所示，与添加 PLC 变量类似，可以通过输入名称、选择数据类型逐一添加需要的变量。DB 块以结构化方式管理用户数据，一个 DB 块中可以定义某一项目中用到的所有变量。全局 DB 除用来存储定时器数据外，还可以存储字符串、数组和结构类型的数据，也可以在代码块的接口区创建这些类型的数据。

图 2-2-21 添加数据块

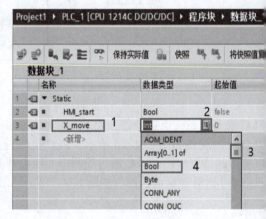

图 2-2-22 在 DB 中添加变量示意图

每个存储单元都有唯一的地址，用户程序利用这些地址访问存储单元中的信息。存储单元的寻址方式又可分为绝对寻址和符号寻址。数据块 DB 也有这两种寻址方式。数据块可以按位（例如 DB1.DBX3.5）、字节（DBB）、字（DBW）和双字（DBD）等绝对地址来访问。在访问数据块中的数据时，应指明数据块的名称，也可以用绝对地址，如 DB1.DBW20 或符号地址，如"电动机 DB"。在 DB 属性中取消勾选"优化的块访问"选项，可以引用绝对地址访问数据块，数据块中会显示"偏移量"列中的偏移量。如果勾选"优化的块访问"选项，则只能使用符号地址访问数据块，不能使用绝对地址，这种访问方式可以提高存储器的利用率。

3. 画面对象的移动组态

如图 2-2-23 所示"动画"属性窗格支持的画面对象的移动类型包括直接移动、对角线移动、水平移动和垂直移动，现通过水平移动来介绍移动的基本组态方法。

需要说明的是，画面的坐标原点是画面的左上角，X 轴正向向右，Y 轴正向向下，以画面像素数作为坐标值，像素间的距离作为单位。

如图 2-2-24 所示，每个画面对象的"属性"选项卡中"布局"→"位置和大小"参数域显示了对象在画面中的 X/Y 位置坐标值和以像素单位衡量的长、宽大小值等。画面对象向右向下移动时，X 轴 /Y 轴坐标值增加，反之则减少。

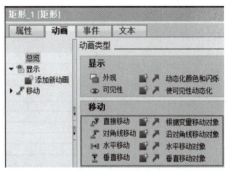

图 2-2-23 巡视窗口"动画"选项卡

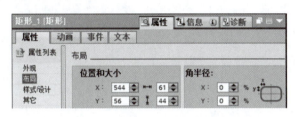

图 2-2-24 巡视窗口"属性"选项卡

添加水平移动的基本步骤是：选中对象，单击如图 2-2-23 所示"动画"选项卡中"水平移动对象"，弹出如图 2-2-25 所示水平移动编辑框，按照图示步骤 1-2-3-4-5，依次进行变量的选择、变量范围的设定（步骤 4）、图素起始位置和目标位置的设定，即可完成水平移动的定义。

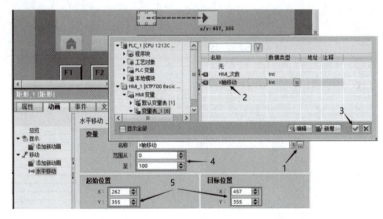

图 2-2-25 水平移动的组态步骤示意图

画面对象的移动取决于变量值的变化，变量值的改变需要通过 PLC 程序来编程实现，因此想完美组态移动过程，需要在进行画面设计时返回 PLC 编程界面进行 PLC 程序的改变和完善。各种移动动画组态的方法和水平移动基本类似，这里不再赘述。

👍👍👍恭喜你，完成了推料装置、输送线的 PLC 控制和人机交互系统开发，学会了使用 S7-1200 PLC 进行逻辑控制和利用 KTP700 Basic 精简面板进行触摸屏人机交互界面设计开发方法。后面将开启 PLC 和触摸屏更高阶的应用学习。

模块三 PLC 变频调速控制

学习目标

※ 了解变频器调速的基本原理。
※ 了解西门子变频调速系统。
※ 掌握西门子 G120 变频器面板控制。
※ 掌握西门子 G120 变频器 Profinet 网络控制。
※ 掌握分拣线变频调速定位控制。
※ 掌握 PLC、触摸屏和变频器 Profinet 网络控制的程序设计思路。
※ 学会查阅有关变频器使用的相关文献。
※ 培养学生认识问题、分析问题和解决问题的能力。

模块简介

变频器是应用变频技术与微电子技术，通过改变电动机工作电源频率的方式来控制交流电动机转速的电力控制设备。变频器根据电动机的实际需要调整电压和频率，进而达到节能、调速的目的。随着电子技术、网络技术和人工智能的发展，工业自动化水平也越来越高。其中，变频驱动技术日趋成熟，变频器逐渐成为工业领域不可或缺的主要设备。

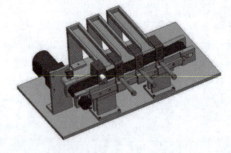

西门子变频器是知名的品牌变频器，主要用于控制和调节三相交流异步电动机的速度，并以稳定的性能、丰富的组合功能、高性能的矢量控制技术、良好的动态特性、超强的过载能力、创新的 Bico（内部功能互联）功能以及无可比拟的灵活性，占据变频器市场的重要地位。本模块以西门子 G120 变频器为载体，通过对输送带电动机调速控制系统的设计与实现，使读者掌握 G120 变频器的 IOP 面板控制、输送线变频器 Profinet 通信控制及定位控制的硬件接线、程序编写和运行调试。

项目一　输送线变频调速网络控制

1.1 项目描述

随着节约环保型社会发展模式的提出，人们开始更多地关注生活的环境品质，节能型、低噪声变频器是今后发展的趋势。输送线通常使用三相交流异步电动机进行控制，使用变频器来调节电动机的转速，实现电动机的无级变速运行，从而达到节能的目的。

西门子 G120 变频器因具有简洁的操作面板、良好的控制性能、优化的集成保护功能、完善的冷却系统和强大的通信功能而在自动控制领域得到了广泛的应用。本项目基于触摸屏、S7-1200 PLC 和 G120 变频器，通过 Profinet 网络控制实现对三相交流异步电动机的调速。

1. 任务要求

如图 3-1-1 所示的输送线系统，现要求选用 CPU 1214C AC/DC/RLY、触摸屏 KTP700 和 G120 变频器实现该装置的自动控制，具体设计要求如下：

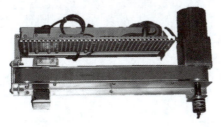

图 3-1-1　基于 Profinet 通信的输送线变频调速控制

（1）按下启动按钮系统启动，电动机以一定的转速正转，运行期间绿灯亮。
（2）任意时刻按下停止按钮，电动机系统停止运行，停止期间红灯亮。
（3）电动机启动和停止既可以使用物理按钮控制，也可以通过触摸屏上的按钮控制，电动机正转运行的速度通过触摸屏设置。

2. 学习目的

※ 了解变频器的主要结构和工作原理；
※ 学会使用智能操作面板 IOP 实现变频器的启停和正反转控制；
※ 能够使用 Portal 软件实现对 G120 变频器参数的调节；

※ 掌握使用触摸屏进行人机信息交互的设计思路；
※ 了解 G120 变频器报文的选择和使用；
※ 掌握 G120 变频器基于 Profinet 网络调速控制的程序设计思路；
※ 培养学生团结协作、刻苦钻研的精神；

3. 实施路径

要实现变频调速网络控制，其实施路径如图 3-1-2 所示。

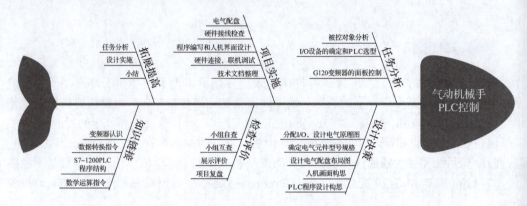

图 3-1-2　输送线变频调速网络控制实施路径

4. 任务分组

根据班组轮值制度，互换角色，小组讨论项目成员职责，新任项目经理完成表 3-1-1 的填写。

表 3-1-1　项目分组表

组名				小组 LOGO	
组训					
团队成员	学号		角色指派	职责	
			项目经理		
			电气设计工程师		
			电气安装员		
			项目验收员		

PLC 高级应用与人机交互	模块三 PLC 变频调速控制 项目一 输送线变频调速网络控制 信息页	学生： 班级： 日期：

1.2 任务分析

变频调速是指通过改变电动机供电电源频率来改变电动机转速的方法。工业中，用于改变电源频率的装置就是变频器。

1. 被控对象分析

在电动机的变频调速控制系统中，变频器控制的是三相交流异步电动机，首先从分析三相交流异步电动机入手。

1）为适应某些控制要求，需要对电动机的转速进行调节，请写出三相交流异步电动机的转速公式，并分析三相交流异步电动机调速的方法。

三相交流异步电动机的转速公式：_____。

调速方法：_____、_____、_____。

2）进行交流电动机变频调速时，需要读懂电动机的铭牌参数，常用的有功率、额定电压、额定电流、额定转速、频率等，请根据选用电动机的铭牌，将相关参数填写在下图框中。

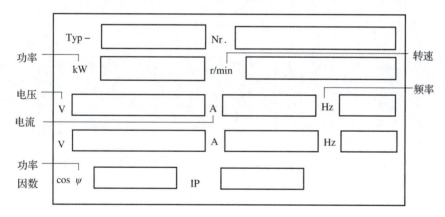

2. I/O 设备的确定

本项目的被控对象是三相交流异步电动机和指示灯，电动机的运行是由变频器控制的，PLC 的输出设备直接连接的是变频器，成为 PLC 的输出元件。发号施令的元件是启动、停止按钮，成为 PLC 的输入元件。

首先，来了解关于变频器的知识，认识变频器的结构、工作原理等。

1）什么是变频器？参考图 3-1-3 简述其内部主要结构。

变频器：_____

内部主要结构：_____

_____

_____

变频器结构

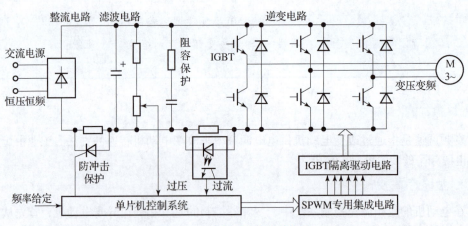

图 3-1-3　变频器的内部结构图

2）图 3-1-4 所示为整流电路的工作原理，简要说明整流电路的组成及 $u_2>0$ 和 $u_2<0$ 时电流的流动方向。

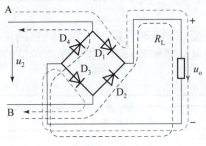

图 3-1-4　整流电路的工作原理

整流电路的组成：_____；
电流的流动方向：$u_2>0$ 时，_____；
$u_2<0$ 时 _____。

3）图 3-1-5 所示为逆变电路的工作原理，简要说明将直流电逆变为交流电的过程。

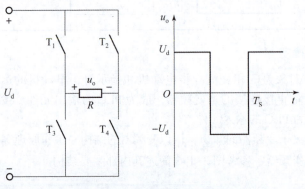

图 3-1-5　逆变电路的工作原理

在本项目中，选用西门子 G120 变频器，需要了解 G120 变频器的相关知识。查阅 G120 变频器手册，完成以下问题。

4）每个 SINAMICS G120 变频器都由①_____、②_____和③_____组成。

简述其各部分的作用：
① _____
② _____
③ _____

5）写出 G120 变频器系列控制单元的命名规则。

$$CU\ 2**S-2\ PN$$

S7-1200 PLC 与 G120 变频器使用的是 Profinet I/O 通信，它们之间的硬件连接是网线，变频器的启动、运行信号以及转速控制是在组态配置中选用报文进行设置的。

6）报文的概念，在本项目中选用哪种报文？在变频器启动、停止和复位时该如何进行控制字等参数的设置？

报文的概念：_____

选用的报文：_____
停止的控制字：_____
正转的控制字：_____
反转的控制字：_____

7）电动机转速的设定值是一个实数，而从 PLC 输入到变频器的设定值单元必须是整数，范围在 16#0000~16#4 000 之间，16#4 000 对应的十进制数值为 16 384，因此需要一个计算公式将一个实际的物理量（设定转速或设定频率）转换为数值范围在 16#0000~16#4 000 之间的标定值，它们之间呈线性比例关系，如图 3-1-6 所示，请写出它们之间的转换公式：

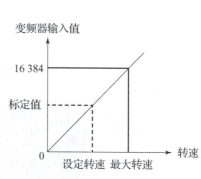

图 3-1-6 标定值和转速线性比例关系

8）在进行调速控制时，设置好的电动机转速如何转化成变频器能够接收的标定值，需要使用标准化指令 NORM_X 和缩放指令 SCALE_X，如图 3-1-7 所示。

设定电动机的转速为 1 380 r/min，请将图 3-1-7 中的内容填写完整。

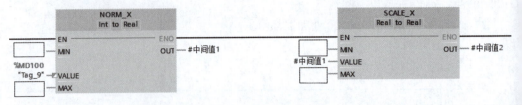

图 3-1-7 标定值数据处理

9）本项目中为实现西门子 PLC、触摸屏和变频器之间的 Profinet 通信，还需要添加通信模块，网络通信模块选用_____。

根据前面的输入、输出分析，系统的启动、停止既有物理按钮又有触摸屏上设置的触屏按钮，其中物理按钮需要___个输入信号；输出信号为指示灯和控制变频器的地址位，控制变频器的地址位需使用 PLC 的输出地址，但不需要 PLC 的本机 I/O，其具体地址是在报文中进行设置的。

3. G120 变频器的面板控制

1）SINAMICS G120 变频器的操作面板包括基本操作面板（BOP-2）和智能操作面板（IOP），本部分重点掌握 IOP 的使用。请在图 3-1-8 中写出 IOP 结构布局名称和每部分的作用。

图 3-1-8 智能操作面板 IOP

IOP 各部分的作用：

① _____ ；
② _____ ；
③ _____ ；
④ _____ ；
⑤ _____ ；
⑥ _____ ；
⑦ _____ 。

2）IOP 的菜单分为三部分，如图 3-1-9 所示，在空白处填写三部分的名称并简述其功能。

① _____ : _____ ；
② _____ : _____ ；
③ _____ : _____ 。

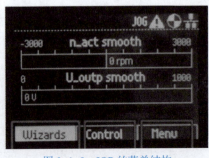

图 3-1-9 IOP 的菜单结构

3)在某些情况下使用 G120 变频器时,需要首先恢复出厂设置,请说明恢复出厂设置的方法,具体操作步骤请扫描二维码观看视频。

_____

_____

学习笔记

4)恢复出厂设置后,可以使用 IOP 对变频器的参数进行设置,设置时需要参考电动机的铭牌数据,具体操作步骤请扫描二维码观看视频。

请简要写出参数设置步骤:_____

_____

_____

_____

恢复出厂设置

5)可以使用 IOP 实现变频器启停、正反转和点动控制,具体操作步骤请扫描二维码观看视频。

请简要写出启停、正反转和点动控制步骤:_____

_____

_____

变频器参数设置

👍👍👍**恭喜你**,通过任务分析,相信你已经清楚了三相交流异步电动机的调速方法及变频器的结构和工作原理,对 G120 变频器有了初步的认识,学习了 PLC 与 G120 变频器之间进行 Profinet I/O 通信时的硬件组态,以及实现通信控制的编程思路,并掌握了 G120 变频器的面板控制。接下来,将进行项目的规划决策。

变频器面板控制运行

PLC 高级应用与人机交互	模块三 PLC 变频调速控制 项目一 输送线变频调速网络控制 设计决策页	学生： 班级： 日期：

1.3 设计决策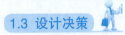

1. 分配 I/O 点，设计 PLC 控制电气原理图

回顾前面的分析，系统输入信号为启动、停止，既有物理按钮又有触摸屏上设置的触屏按钮；输出设备为指示灯和变频器，其中变频器与 PLC 之间的连接是网线，没有直接的 I/O 点位连接，变频器发送给电动机的启停信号和运行速度都是通过报文来设置的，添加报文后设置对应的 I/O 地址，其地址的表示形式为字地址。

1）请补充完整变频调速网络控制 I/O 分配表 3-1-2。

表 3-1-2 变频调速网络控制 I/O 分配表

输入端口				输出端口			
序号	地址	数据类型	元件名称	序号	地址	数据类型	元件名称
1			启动	1			变频器启停（控制字）
2			停止	2			变频器转速（转速设定值）
3			HMI 启动	3			
4			HMI 停止	4			
5				5			
6				6			

2）在模块二项目二电气原理图的基础上修改并补充图 3-1-10 中 PLC 与变频器、电动机的接线。

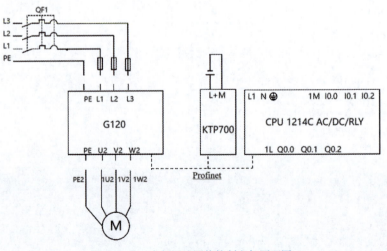

图 3-1-10 变频调速网络控制电气原理图

2. 确定电气元件型号规格

根据电气原理图,在模块二项目二的基础上补充需要的电气元件并填写表 3-1-3。

表 3-1-3 电气元件明细表

序号	元件名称	规格型号	符号	单位	数量	备注

3. 电气配盘布局图设计

在模块二项目二的基础上修改电气配盘布局。

4. 人机界面的画面设计及关联变量的设置

请根据人机界面的画面设计及关联变量的设置,完成表 3-1-4 的填写以及人机界面的画面设计。

表 3-1-4 人机界面关联变量表

名称	数据类型	与 PLC 关联的地址

人机界面的画面设计:

程序设计思路介绍

5. PLC 程序设计思路的确定

在本项目中，程序编写的思路包括两个方面：一是根据报文 1 的规则，将表示启停或正反转的控制字赋给控制变频器启停的输出端；二是将触摸屏传送来的速度给定值使用标准化指令和缩放指令换算至 0~16384 范围内，并将线性化处理后的设定值赋给控制变频器转速的输出端。

👍👍👍恭喜你，完成了变频调速网络控制的硬件线路图设计、电气元件的选择、电气配盘布局和程序设计思路的学习。接下来进入项目实施阶段，验证设计决策是否可行、是否可达成项目控制的要求。

PLC 高级应用与人机交互	模块三 PLC 变频调速控制 项目一 输送线变频调速网络控制 项目实施页	学生： 班级： 日期：

1.4 项目实施

1. 输送线变频调速网络控制系统电气配盘

在模块二项目二电气配盘的基础上，添加变频器和电动机的接线，以及 G120 变频器、PLC、触摸屏和计算机的网络连接。
记录实际操作过程中遇到的问题和解决措施。
出现问题：　　　　　　　　　　　　　　解决措施：
_____　　　_____
_____　　　_____

配盘及检查

2. 硬件接线检查

硬件安装完毕，电气工程师自检，确保接线正确、安全，检查内容及顺序如下。
（1）断电检查，确保接线安全
检查电源接线是否正确，包括配电盘总电源、电动机电源、24 V 电源、地线等，确保没有短接。按照表 3-1-5 进行自检。

表 3-1-5 断电自检情况记录

序号	检测内容	自检情况	备注
1	检查变频器的电源接线是否正确		
2	检查电动机与变频器的接线是否正确		
3	检查 PLC、触摸屏和变频器的网络接线是否正确		

（2）通电检查，确保接线正确
接通配电盘电源，按照表 3-1-6 进行检测。

表 3-1-6 通电测试

序号	检测内容	自检情况	备注
1	目测 PLC 电源是否接通		
2	目测触摸屏的电源是否接通		
3	目测变频器的电源是否接通		
4	目测通信模块的电源是否接通		

4. 程序编写及人机交互设计

使用 Portal 软件，根据控制要求和程序设计的思路，完成输送线变频调速网络控制的程序编写,主要步骤如下。

(1) 新建工程项目并进行硬件组态

打开 Portal 软件,根据向导新建一个工程项目,项目命名为"输送线变频器网络控制"或者其他名称。根据选用的 PLC 型号和变频器控制组件配置,添加 PLC 硬件、G120 配置和人机交互 HMI,进行 PLC、变频器、触摸屏和本地计算机 IP 地址的设置,确保四个设备在同一个网段,完成 Profinet 网络组态,如图 3-1-11 所示。具体组态步骤请扫描二维码观看视频。

硬件组态

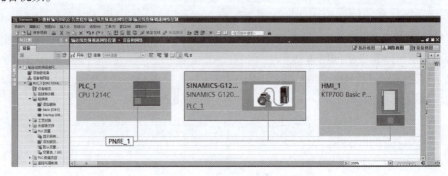

图 3-1-11 硬件组态、网络连接

(2) 根据电动机的铭牌参数,使用"调试向导"对 G120 变频器进行相关参数的设置

在 G120 下单击"调试"按钮,在"调试向导"中进行相关参数的设置,具体设置步骤请扫描二维码观看视频。注意在设置电动机参数时要依据电动机的铭牌参数,如图 3-1-12 所示。

调试向导

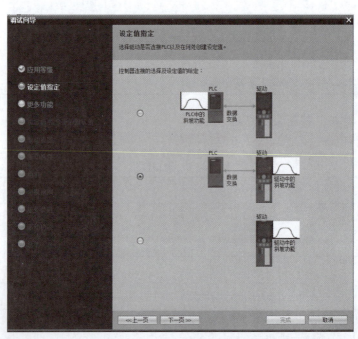

图 3-1-12 "调试向导"

(3) 变频器在线调试及优化

在"调试/控制面板"和"调试/电动机优化"页面下（见图 3-1-13）进行变频器在线调试及电动机优化，看变频器参数设置是否正确，具体步骤请扫描二维码观看视频。

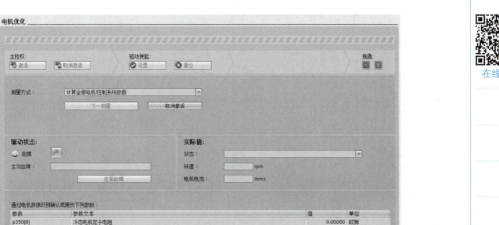

图 3-1-13　在线调试

在线调试

(4) 添加 PLC 变量表

根据 I/O 分配表添加 PLC 变量表，为不同的输入、输出信号命名，以便于程序的识读。PLC 变量表定义结果如图 3-1-14 所示，读者可使用不同的名称。

图 3-1-14　设置 PLC 变量表

(5) 人机界面画面设计及变量关联

根据规划决策阶段的人机界面画面设计，完成人机界面画面的绘制及相关变量关联，请扫描二维码观看视频。

人机界面设计

(6) PLC 程序编写

根据程序设计思路，编写程序。在启动组织块中，使用 MOV 指令，初始化变频器，使其处于停止状态；在 OB1 块中，使用 MOV 指令、标准化指令和缩放指令，设定变频器的旋转方向和转速设定值。程序编写框架如图 3-1-15 所示，具体情况请扫描二维码观看视频。

程序设计

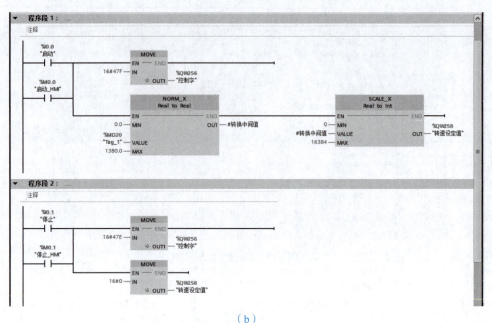

(a)

(b)

图 3-1-15　PLC 程序框架
（a）OB100 程序；（b）OB1 程序

5. 硬件连接，联机调试

完成上述设计后，将程序下载进行调试，记录调试过程中出现的问题。

出现问题：　　　　　　　　　　　　　　解决措施：

6. 技术文档整理

按照项目需求，整理出项目技术文档，主要内容包括控制工艺要求、I/O 分配表、电气原理图、电气配盘布局图、PLC 程序、操作说明、常见故障排除方法等。

👍👍👍恭喜你，完成了项目实施，完整体验了变频调速网络控制项目的实施过程。

PLC 高级应用与人机交互	模块三 PLC 变频调速控制 项目一 输送线变频调速网络控制 检查评价页	学生： 班级： 日期：

1.5 检查评价

1. 小组自查，预验收

按照小组分工，项目经理和质检员根据项目要求和电气控制工艺规范，进行预验收，并填写预验收记录。请扫描二维码下载表格。

小组自查单

2. 项目提交，验收

组内验收完成，进行小组交叉验收，并填写验收报告。请扫描二维码下载表格。

小组互查单

3. 展示评价

各组展示作品，介绍任务完成过程，制作过程视频、运行结果视频，整理技术文档并提交汇报材料，进行小组自评、组间互评、教师评价，完成考核评价表。请扫描二维码下载表格。

项目考核评价

4. 项目复盘

（1）变频调速网络控制项目基本过程

1）分析任务需求，填写 I/O 分配表。

在这个项目中，输入设备是启动和停止按钮，其输入点的选择与模块一中的一致，在这里需要＿＿个输入信号，信号全为＿＿＿量，＿＿V 电源供电。

输出设备为指示灯和变频器，其中变频器与 PLC 之间的连接是网线，没有直接的 I/O 点位连接，变频器发送给电动机的启停信号和运行转速是通过在变频器的设备视图中添加报文来设置的，设置变频器的启停信号即控制字地址为＿＿＿＿＿＿，转速设定值的地址为＿＿＿＿＿。

2）根据 I/O 分配表，查阅 PLC 手册，选择 PLC 型号。

在本项目中 PLC 型号可以选择＿＿＿＿＿。

3）根据选择的 PLC 型号，设计控制系统电气原理图。

在本项目中，电气原理图的设计是在模块二项目二的基础上添加变频器和电动机的接线，以及 PLC、触摸屏和 G120 变频器的网络接线。

4）根据电气原理图，进行电气元件的选择和配电柜设计。

5）领取或购买电气元件，制作配电柜，进行硬件接线及检查。

6）编程调试。

本项目需要使用启动组织块（OB100），在 OB100 中将停止的控制字 16#47E 赋值给 QW256，初始化变频器，使其处于停止状态；在 OB1 块中，使用 MOV 指令、标准化指令和缩放指令，设定变频器的旋转方向和转速设定值。

（2）总结归纳

通过输送线变频器网络控制项目设计和实施，并对所学、所获进行归纳总结。

(3) 闯关自查

输送线变频器网络控制项目相关的知识点、技能点梳理如图 3-1-16 所示，请对照检查是否掌握了相关内容。

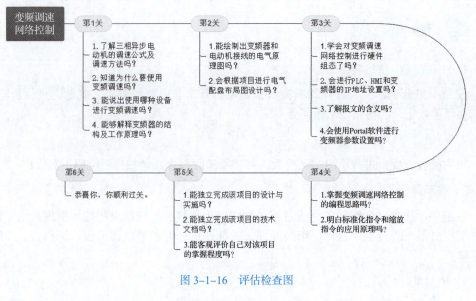

图 3-1-16　评估检查图

(4) 存在问题 / 解决方案 / 优化可行性

(5) 激励措施

👍👍👍 恭喜你，完成了检查评价和技术复盘。相信通过输送线变频调速网络控制项目，你已经掌握了 PLC 和 G120 变频器基于 Profinet 网络通信控制电动机转速的硬件组态及软件设计、实施和检查的基本流程。

1.6 拓展提高

恭喜你学会了变频调速网络控制，现提出新的需求，要求在原来功能的基础上增加反转动作，控制要求如下：

1）按下启动按钮，系统启动，电动机以一定转速正转 5 s，再以一定转速反转 5 s 后停止。

2）通过触摸屏控制电动机的启停，电动机正反转的速度通过触摸屏输入，并能够在触摸屏上显示 G120 变频器当前的运行状态（正转或者反转）。

3）任意时刻按下停止按钮，电动机系统停止运行。系统运行期间绿灯亮，系统停止期间红灯亮。

1. 任务分析

与本模块项目一对比，在原先电动机正转的基础上，添加了电动机反转，并且增加了延时控制。

1）根据控制要求，PLC 的输入和输出信号是否需要增加？

2）与本模块项目一相比，电气原理图设计有哪些不同？

3）实现电动机的反转，需要的运行方式控制字是＿＿＿＿＿＿

4）在编程思路上，与本模块项目一对比，有哪些需要改变？

2. 任务实施

1）分配 I/O 地址，进行电气原理图设计。
2）电气配盘接线完善。
3）人机界面设计完善。
4）编程、调试和运行。

3. 任务总结

通过拓展项目，你有什么新的发现和收获？请写在下面。

恭喜你，自主完成了变频调速反转控制，完善了 PLC 变频调速控制系统的设计思路。下面进入变频调速知识链接的天地，以深化和提升前面学到的知识和技能。

拓展项目详解

1.7 知识链接

一、西门子变频器

1. 西门子低压变频器简介

西门子公司的变频器品种较多，我们仅介绍西门子低压变频器的产品系列。

1）MicroMaster MM4 系列变频器是通用型标准变频器，是西门子近些年来在中国销售的主力低端变频器，主要分为 4 个系列，具体如下：

MM410：是紧凑型变频器，小巧、灵活、安装简单、使用方便；适合用于食品和饮料工业、纺织工业、包装工业，还可用于对传动链的驱动；是小功率紧凑型应用的理想选择。

MM420：I/O 数量少，不支持矢量控制，无自由功能块可使用；功率范围小。

MM430：专为风机水泵设计，不支持矢量控制；功率范围大，在恒压供水等场合很实用。

MM440：是矢量控制变频器，有制动单元，有自由功能块，功能相对强大。

2）SIMOVERT MasterDrives 6SE70 工程型变频器在冶金行业很有统治力。此系列变频器的控制板采用 CUVC，可以完美地实现变频器速度、力矩控制的功能，可四象限工作。但其是多年前的产品，故 CPU 运算能力有限。

3）SINAMICS 系列变频器是西门子新一代变频驱动平台，包括三个系列的产品：V 系列、G 系列和 S 系列。V 系列提供用于运动/伺服控制的产品；G 系列属于通用型变频器，可用于一般的调速控制场合；S 系列属于高端型变频器，既可用于速度控制，也可用于运动/伺服控制。

① V 系列。

V10：简单应用，相当于 MM420，是小功率变频器。

V20：是一款基本型变频器，具备调试时间短、价格经济、操作简单及可靠耐用等诸多优势。该基本型变频器有九种外形尺寸可供选择。

V50 可以看作是 MM4 的柜体机。其比 MM4 功率有所扩展，同时应用也很方便；与 MM4 有相同的参数，且操作面板做了改进，操作更为方便。

V60 和 V80 是针对步进电动机而推出的两款产品。其功率较小，与电动机成套配置，只接收脉冲信号，其也称为步进电动机驱动器，是非常理想的廉价之选。

V90 有两大类产品：一类主要是针对步进电动机而推出的产品，也可以驱动伺服电动机，能接收脉冲信号，也支持 USS 和 Modbus 总线；第二类支持 Profinet 总线，不能接收脉冲信号，也不支持 USS 和 Modbus 总线，运动控制时配合西门子的 S7-200 SMART PLC 使用，性价比较高。

② G 系列相当是 MicroMaster 标准（通用 MM 系列）变频器系列的升级。

变频器基础知识介绍

G120：可以看作是 MicroMaster4 的升级版，在结构和功能上都做了改进。与 MM4 不同的是，G120 不是一体机，而是分为 CU 和 PM 两部分，而且 PM250 和 PM260 采用的 F3E 技术实现了变频器的四象限运行。高端的 CU 还集成了安全功能。

G120D：是基于 G120 而大幅提升 IP 防护等级的变频器，可以达到 IP65。但功率范围有限，若功率太高，而防护又太全面，则散热的问题就产生了。

G130：是内置式变频器，用于机器制造和工厂建设中使用的交流变频器。其具有较高性能，可满足各种负载类型的单电动机驱动应用；无传感器矢量控制的控制精度适合大多数应用，因此，无须使用附加实际转速编码器。

G150：是高性能单体传动柜，可以看作是 V50 的升级版，同时功率范围也比 V50 大。它使用 CU320 作为控制器，同时带有 AOP30 操作面板，单体使用也很方便。

③ S 系列相当于 MasterDrives 工程型变频器 6SE7 系列的升级，实际上已经涵盖了各种驱动范围（包括伺服定位）。

S120：可以看作是 6SE70 的升级版，在结构和功能上都做了改进。控制板采用 CU320，各组件之间使用 DRIVE_CLiQ 接口进行通信，自动组态带 DRIVE_CLiQ 接口的设备。变频器功能十分强大，开放了很多用户接口，可使用 DCC 进行编程；操作面板 AOP30 的功能也十分强大，比 BOP 更强。

2. 初识 G120 变频器

SINAMICS G 系列包括 G120 和 G150。SINAMICS G120 变频器由控制单元（Control Unit，简称 CU）和功率模块（Power Module，简称 PM）组成，如图 3-1-17 所示，外加一个操作面板。

（a）　　　　　　　　（b）

图 3-1-17　G120 变频器组成
（a）功率模块；（b）控制单元

SINAMICS G120 通讯

（1）控制单元

SINAMICS G120 的控制单元用来控制并监测与其连接的电动机，控制单元有很多类型，可以通过不同的现场总线（比如：Modbus-RTU、Profibus-DP、Profinet、DeviceNet 等）与上层控制器（PLC）进行通信。G120 的控制单元包括 CU230 系列、CU240 系列和 CU250 系列，以 CU250S-2 PN 为例介绍其命名规则，如图 3-1-18 所示。

（2）功率模块

SINAMICS G120 功率模块为电动机和控制模块提供电能，实现电能的整流与逆变功能，其铭牌上有额定电压、额定电流等技术数据。

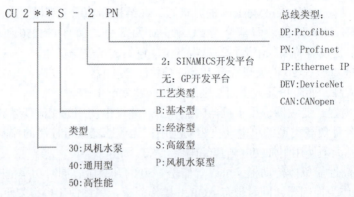

图 3-1-18　变频器控制单元型号含义

G120 的功率模块包括 PM230、PM240 和 PM250。功率模块根据其功率的不同，可以分为不同的尺寸类型：编号从 FSA 到 FSF。其中 FS 表示 "Frame Size"，即 "模块尺寸"，A 到 F 代表功率的大小（依次递增）。

PM230 的防护等级为 IP20，包括不带滤波器和带有集成的 A 级电源滤波器两种类型。PM230 还有一种防护等级为 IP54/55 的模块，适用于风机、泵类负载。

PM240 有 PM240-2 和 PM240P-2 两种类型，PM240-2 也包括不带滤波器和带有集成的 A 级电源滤波器两种不同的类型。PM240-2 可通过一个外部制动模块实现制动；PM240P-2 适用于风机、水泵类负载。

PM250 有不带电源滤波器和带有集成的 A 级电源滤波器两种类型，带有电能回馈模块，可以将制动产生的能量回馈电网。

（3）操作面板

控制单元可以安装 BOP 和 IOP 两种不同的操作面板。BOP 为英文 Basic Operator Panel 的缩写，翻译为 "基本操作面板"，BOP 有一小块的液晶显示屏，用来显示参数和诊断数据等信息；面板的下方有 "自动/手动" "确认/退出" 等按键，可以用来设置变频器的参数并进行简单的功能测试，其外形如图 3-1-19 所示 。IOP 为英文 Intelligent Operator Panel 的缩写，翻译为 "智能操作面板"，外形如图 3-1-20 所示。IOP 显示液晶屏比 BOP 的大，采用文本和图形显示，界面提供参数设置、调试向导、诊断及上传/下载功能，有助于直观地操作和诊断变频器。

图 3-1-19　BOP 面板外形

图 3-1-20　IOP 面板外形

IOP 可直接卡紧在变频器上，通过一个 RS232 接口连接到变频器的控制单元，或者作为手持单元，通过一根电缆和变频器相连，可通过面板上的 "手动/自动" 按钮及 "菜单导航"按钮进行功能选择,操作简单方便。IOP 的实体布局如图 3-1-21 所示。

IOP 操作使用一个推轮和 5 个附加按钮,推轮和按钮的具体功能可扫描二维码学习。

IOP 在显示屏的右上角边缘显示许多图标,表示变频器的各种状态或当前情况。对这些图标的解释请扫描二维码学习。

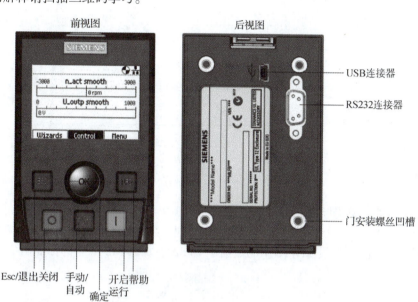

图 3-1-21 IOP 的实体布局

IOP 面板按钮功能介绍

IOP 各类图标说明

二、数据转换指令

(1) 标准化指令(NORM_X)

使用标准化指令,可将输入 VALUE 中变量的值映射到线性表对其进行标准化;使用参数 MIN 和 MAX 定义输入 VALUE 值范围的限值;输出 OUT 中的结果经过计算并存储为浮点数,这取决于要标准化的值在该值范围中的位置。标准化指令(NORM_X)和参数如表 3-1-7 所示。

表 3-1-7 标准化指令(NORM_X)和参数

指令	参数	数据类型	说明
NORM_X ??? to ??? EN — ENO <???> — MIN OUT — <???> <???> — VALUE <???> — MAX	EN	BOOL	允许输入
	ENO	BOOL	允许输出
	MIN	整数、浮点数	取值范围的下限
	VALUE	整数、浮点数	要标准化的值
	MAX	整数、浮点数	取值范围的上限
	OUT	浮点数	标准化结果

从指令框的"？？？"下拉列表中选择该指令的数据类型。标准化指令的计算公式是：OUT=（VALUE-MIN）/（MAX-MIN），此公式对应的计算原理如图 3-1-22 所示。

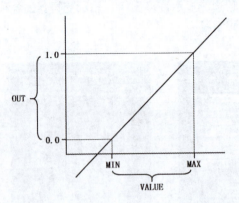

图 3-1-22　标准化指令公式对应的计算原理图

用一个例子来说明标准化指令的应用，如图 3-1-23 所示，当 I0.0 闭合时，激活标准化指令，将存储在 MW10 中的数据进行标准化处理，数据的范围是 0~27 648，数据标准化的输出范围是 0~1.0。假设 MW10 中的数据是 13 824，那么 MD16 中的标准化结果为 0.5。

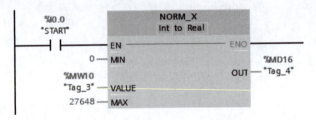

图 3-1-23　标准化指令示例

（2）缩放指令（SCALE_X）

使用缩放指令，通过将输入 VALUE 的值映射到指定的值范围来对其进行缩放。当执行缩放指令时，输入 VALUE 的浮点值会缩放到由参数 MIN 和 MAX 定义的值范围。缩放结果为整数，存储在 OUT 输出中。缩放指令（SCALE_X）和参数如表 3-1-8 所示。

表 3-1-8　缩放指令（SCALE_X）和参数

指令	参数	数据类型	说明
	EN	BOOL	允许输入
	ENO	BOOL	允许输出
	MIN	整数、浮点数	取值范围的下限
	VALUE	整数、浮点数	要缩放的值
	MAX	整数、浮点数	取值范围的上限
	OUT	浮点数	缩放结果

从指令框的"？？？"下拉列表中选择该指令的数据类型。缩放指令的计算公式是：OUT=［VALUE*（MAX-MIN）］+MIN，此公式对应的计算原理如图 3-1-24 所示。

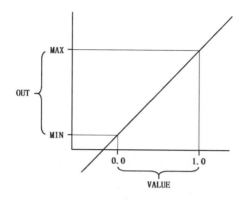

图 3-1-24 缩放指令公式对应的计算原理图

用一个例子来说明缩放指令（SCALE_X），如图 3-1-25 所示，当 I0.0 闭合时，激活缩放指令，要缩放的 VALUE 的范围是 0~1.0，VALUE 缩放的输出范围是 0~200。假设 MD16 中的数据是 0.5，那么 MW20 中的缩放结果为 100。

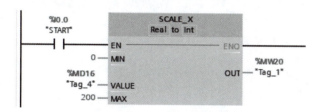

图 3-1-25 缩放指令实例

👍👍👍恭喜你，顺利完成了输送线变频调速网络控制项目的学习。

项目二 分拣线变频调速定位控制

2.1 项目描述

自动分拣系统是物流业广泛存在的一种设备，机械手将工件放置在分拣系统的入料口处，电动机运转以驱动传送带将工件送至分拣区。电动机由变频器来控制其启停和运行速度；使用传感器来判断工件的特性，比如颜色、材质等，不同特性的工件被分流到不同的料槽区，其中不同料槽区的位置是通过与电动机同轴安装的旋转编码器检测出来的。

1. 任务要求

图 3-2-1 所示为分拣线输送装置，由三相交流异步电动机驱动传送带将工件送至不同区域，在不同区域由气缸将工件推至料槽内。电动机输出轴上安装有编码器，用于定位每个料槽的位置。编码器的分辨率为 500 P/R，电动机输出轴带轮直径为 $\phi43$ mm。

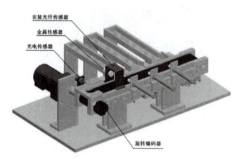

图 3-2-1 分拣线输送装置

现要求使用 CPU 1214C AC/DC/RLY、西门子 G120 变频器和触摸屏 KTP700 完成对该装置的自动控制。具体动作要求如下：

1）按下启动按钮，当入料口的光电传感器检测到工件时，以一定转速启动变频器，电动机运转以驱动传送带工作，在检测区进行检测，将检测到的白色工件送至 1 号区域，并由气缸将其推送至 1 号料槽里，一个工作周期结束，当工件被推出滑槽后，才可以再次向传送带下料。

若按下停止按钮，则分拣线在本工作周期结束后停止运行。

2）电动机的转速可在触摸屏画面中随意调整，并能够通过触摸屏控制电动机运行和停止。

2. 学习目标

※ 了解旋转编码器的结构和工作原理；
※ 掌握高速计数器的应用；
※ 学会中断的应用；
※ 掌握分拣线定位控制的编程思路；
※ 学会分工协作，各司其职。

3. 实施路径

思路决定成败，进行 PLC 变频调速定位控制项目有一定的规律可循。对于变频调速定位控制，其实施路径如图 3-2-2 所示。

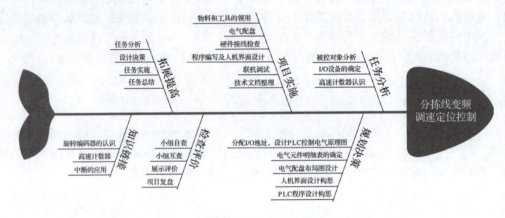

图 3-2-2　分拣线变频调速定位控制实施路径图

4. 任务分组

根据班组轮值制度，互换角色，确定分工，新任项目经理完成表 3-2-1 的填写。

表 3-2-1　项目分组表

组名			小组 LOGO	
组训				
团队成员	学号	角色指派	职责	
		项目经理		
		电气设计工程师		
		电气安装员		
		项目验收员		

PLC 高级应用与人机交互	模块三 PLC 变频调速控制 项目二 分拣线变频调速定位控制 信息页	学生： 班级： 日期：

2.2 任务分析

本项目是在项目一变频调速网络控制的基础上，添加旋转编码器来检测传送带上料槽的位置，以实现定位控制的。

1. 被控对象分析

根据任务描述，电动机和气缸是本项目的被控对象，通过 PLC 启动变频器使电动机运转，三个二位五通的单电控电磁阀控制料槽区推杆气缸的动作。变频器启停电动机和电磁阀控制气缸的知识在前面的项目中已经学习，这里不再赘述。

2. I/O 设备的确定

本项目被控对象有两类，一类是三相交流电动机，电动机的运行是由变频器控制的，PLC 的输出设备直接连接的是变频器，成为 PLC 的输出元件；第二类是推动气缸，气缸是通过二位五通阀来控制气缸的前进或后退的，故 PLC 输出端相连的器件是电磁换向阀。由此得出 PLC 的输出元件为变频器和电磁阀。

本项目的输入元件，除了用于发号施令的启动、停止按钮外，又增加了入料口工件检测的光电传感器、检测区检测颜色的光纤传感器、推动气缸到位的磁性开关和检测料槽位置的旋转编码器。这里主要学习关于旋转编码器的知识。

1）请描述出旋转编码器的主要结构，在如图 3-2-3 所示的方框中补充完整相关内容，并简单描述工作原理。

旋转编码器的主要结构：_____

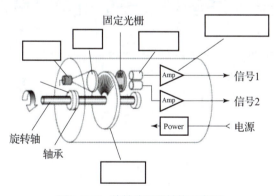

图 3-2-3 旋转编码器结构示意图

工作原理：_____

2）本项目选用的是可以输出 A、B 两相 90°相位差方波脉冲的增量型旋转编码器，其方波信号由 PLC 的输入端采集，请在图 3-2-4 中补充完整旋转编码器和 PLC 的接线。

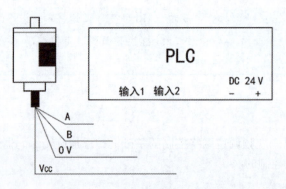

图 3-2-4　旋转编码器接线示意图

3）本项目中需要计算工件在传送带上移动的距离，即料槽的位置。其中编码器的分辨率为 500 P/R，电动机输出轴带轮直径为 ϕ43 mm。

由此可以计算出电动机每旋转一周，传送带上工件移动的距离为

$L = \pi \cdot D =$ ＿＿＿＿＿＿＿＿＿＿ mm

脉冲当量（一个脉冲工件移动的距离）$\mu = L/500 =$ ＿＿＿＿＿＿ mm。

根据图 3-2-5 所示传送带位置尺寸可以计算出工件从入料口中心线移动至传感器中心时，旋转编码器约发出＿＿＿＿＿＿个脉冲；移动至 1 号料槽中线位置时，约发出＿＿＿＿＿＿个脉冲。

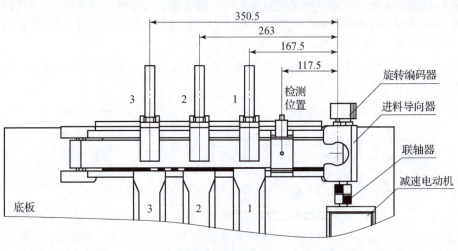

图 3-2-5　传送带位置计算用图

3. 高速计数器认识

为实现电动机的精确定位控制，需要使用旋转编码器将电动机的转速转换为高频脉冲信号，反馈至 PLC，通过 PLC 对高频脉冲的计数和相关编程实现，故需了解高速计数的相关知识。

1）简述高速计数器和普通计数器的区别。

高速计数器：＿＿＿＿＿＿＿＿＿＿＿＿＿＿＿＿＿＿＿＿＿＿＿＿＿＿＿＿

普通计数器：＿＿＿＿＿＿＿＿＿＿＿＿＿＿＿＿＿＿＿＿＿＿＿＿＿＿＿＿

2）S7-1200 PLC 最多集成了 6 个高速计数器 HSC1~HSC6，HSC 指令有四种工作模式，请简要解释。

工作模式一：_____

工作模式二：_____

工作模式三：_____

工作模式四：_____

3）S7-1200 PLC 高速计数器使用的计数脉冲、方向控制和复位的输入点地址如表 3-2-2 所示，请在此表中填写 HSC1 和 HSC2 需要使用的脉冲和方向输入点。

表 3-2-2　高速计数器描述及输入点地址

		描述	输入点地址			功能
HSC	HSC1	使用 CPU 集成 I/O 或信号板或监控 PTO0	 PTO0	 PTO0 方向	I0.3 I4.3	
	HSC2	使用 CPU 集成 I/O 或信号板或监控 PTO1	 PTO1	 PTO1 方向	I0.1 I4.1	
	HSC3	使用 CPU 集成 I/O	I0.4	I0.5	I0.7	
	HSC4	使用 CPU 集成 I/O	I0.6	I0.7	I0.5	
	HSC5	使用 CPU 集成 I/O 或信号板	I1.0 I4.0	I1.1 I4.1	I1.2 I4.3	
	HSC6	使用 CPU 集成 I/O 或信号板	I1.3 I4.2	I1.4 I4.3	I1.5 I4.1	
模式		单相计数，内部方向控制	时钟			计数或频率
					复位	计数
		单相计数，外部方向控制	时钟	方向		计数或频率
					复位	计数
		双相计数，两路时钟输入	增时钟	减时钟		计数或频率
					复位	计数
		A/B 相正交计数	A 相	B 相		计数或频率
					Z 相	计数
		监控 PTO 输出	时钟	方向		计数

4）高速计数器输出地址。

S7-1200 PLC CPU 将每个高速计数器的测量值存储在输入过程映像区内，其数据类型为 32 位有符号的双整数，可以在设备组态中修改其存储地址。由于过程映像区受扫描周期的影响，故在一个扫描周期内该测量值不会发生变化，但高速计数器中的实际值有可能会在一个周期内变化,可通过读取外设地址的方式读取到当前测量值的实际值。系统设置的初始地址如表 3-2-3 所示,请在此表中填写 6 个高速计数器对应的默认地址。

表 3-2-3　高速计数器的测量值存储地址

高速计数器号	数据类型	默认地址
HSC1	DINT	
HSC2	DINT	
HSC3	DINT	
HSC4	DINT	
HSC5	DINT	
HSC6	DINT	

5)高速计数器指令

高速计数器指令如图 3-2-6 所示,其指令各参数功能说明扫描二维码学习,请在方框中填写各参数的功能说明。

高速计数器指令

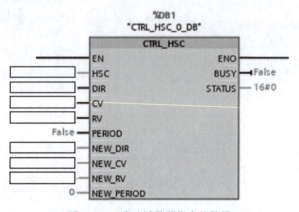

图 3-2-6　高速计数器指令的符号

👍👍👍恭喜你,通过前面的被控对象分析和 I/O 设备的确定,认识了旋转编码器和高速计数器的相关知识。接下来将进行项目的规划决策,完成 PLC 型号选择、电气原理图设计、电气配电盘设计、定位控制程序编写等内容。

PLC 高级应用与人机交互	模块三 PLC 变频调速控制 项目二 分拣线变频调速定位控制 设计决策页	学生： 班级： 日期：

2.3 设计决策

1. 分配 I/O 地址，设计 PLC 控制电气原理图

（1）根据前面的分析完成表 3-2-4 的填写

表 3-2-4　变频调速定位控制 I/O 分配表

输入端口				输出端口			
序号	输入地址	元件名称	符号	序号	输出地址	元件名称	符号

（2）完善电气原理图设计

补充完整图 3-2-7 所示变频调速定位控制电气原理图。

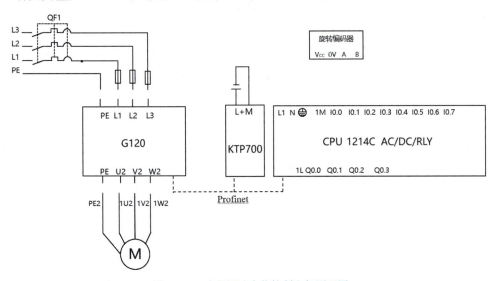

图 3-2-7　变频调速定位控制电气原理图

2. 电气元件明细表的确定

在模块三项目一的基础上补充完成电气元件的选择并填写表 3-2-5。

表 3-2-5　电气元件明细表

序号	元件名称	规格型号	符号	单位	数量	备注

3. 电气配盘布局图设计

在模块三项目一的基础上修改电气配盘的布局。

4. 人机界面画面的设计及关联变量的设置

在本项目中,使用触摸屏上的按钮进行系统的启动和停止,并可以在屏幕上输入电动机运行的速度。请在表 3-2-6 中完成触摸屏关联变量表以及触摸屏画面设计。

表 3-2-6　触摸屏关联变量表

名称	数据类型	与 PLC 关联的地址

触摸屏画面设计:

5. PLC 程序设计思路的确定

本项目中分拣线的工作目标是完成对白色工件的分拣，为了在分拣时准确推出工件，使用了旋转编码器作定位检测，程序的编写思路可以从三个方面进行：

1）分析出整个分拣系统的工作顺序流程，将其工作过程绘制成顺序功能图。系统启动，入料口光电传感器检测到工件后，变频器以一定的速度启动电动机，工件在传送带的作用下向前移动，在经过光纤传感器后，会检测是否为白色工件，如果是则移动至 1 号位置时，由推杆气缸将工件推送至 1 号料槽内。

2）如何让变频器以一定的速度启动运行，此部分的编程思路在本模块项目一中已经讲解，这里不再赘述。

3）如何判断工件移动至 1 号位置，此部分程序的编写需要用到高速计数器，这也是本项目学习的重点。

👍👍👍恭喜你，完成了变频调速定位控制的硬件线路设计、电气元件的选择、电气配盘布局和程序设计思路。接下来进入项目实施，验证我们的设计决策是否可以完成项目描述中的控制要求。

程序设计思路介绍

PLC 高级应用与人机交互	模块三 PLC 变频调速控制 项目二 分拣线变频调速定位控制 项目实施页	学生： 班级： 日期：

2.4 项目实施

1. 物料和工具领取

在本模块三项目一的基础上，根据前面的分析，添加需要增加的电气元件和安装线路所需要的电工工具，并填写到明细表 3-2-7 中，依据表格领取物料及工具。

表 3-2-7 物料及工具领料表

序号	工具名称	规格型号	数量	备注

2. 分拣线变频调速定位控制系统电气配盘

根据前面的分析，本项目在模块三项目一的基础上，输入设备需要添加旋转编码器等多种传感器，输出设备需要添加推送气缸等。

1）旋转编码器、光电开关、光纤开关、磁性开关等传感器的安装。

2）气缸、电磁阀的安装。

请将在实际操作过程中遇到的问题和解决措施记录下来。

出现问题： 解决措施：

3. 硬件接线检查

硬件安装完毕，电气工程师自检，确保接线正确、安全，检查内容顺序如下。

（1）断电检查，确保接线安全。

在项目二配盘的基础上再次检查电源接线是否正确，包括配电盘总电源、24 V 电源、地线等，确保没有短接。重点检查传感器和电磁阀的接线是否正确。按照表 3-2-8 进行自检。

表 3-2-8 断电自检情况记录

序号	检测内容	自检情况	备注
1	检查变频器的电源接线是否正确		
2	检查电动机与变频器的接线是否正确		
3	检查 PLC、触摸屏和变频器的网络接线是否正确		
4	检查传感器接线是否正确，信号线、正负电源线接线是否正确		
5	检查电磁阀接线是否正确		

（2）通电检查，确保接线正确。

接通电气配电盘电源，按照表 3-2-9 进行检测。

表 3-2-9 通电测试

序号	检测内容	自检情况	备注
1	目测 PLC 电源是否接通		
2	目测触摸屏的电源是否接通		
3	目测变频器的电源是否接通		
4	目测通信模块的电源是否接通		
5	依次检测各类传感器的接线是否正确，当工件靠近时，检查是否有信号输入		

4. PLC 程序编写及人机交互设计

使用 Portal 软件，根据控制要求和设计的程序流程，完成分拣线变频调速定位控制程序的编写，主要步骤如下。

（1）新建工程项目并进行硬件组态

在博图软件中，新建工程项目"变频调速定位控制"。根据选用的 PLC 型号和变频器控制组件配置，添加 PLC 硬件、G120 配置和人机交互 HMI，进行 IP 地址的设置，确保四个设备在同一个网段，完成 Profinet 网络连接，如图 3-2-8 所示。具体组态步骤请扫描二维码观看视频。

硬件组态

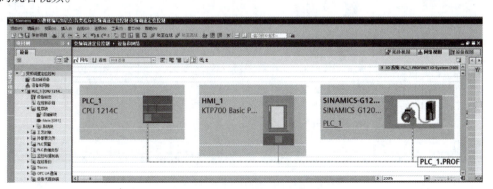

图 3-2-8 新建工程项目、硬件组态

（2）在 Portal 软件界面下使用"调试向导"对 G120 变频器进行相关参数的设置

在 G120 下单击"调试"按钮，在"调试向导"中进行相关参数的设置。注意在设置电动机参数时，要依据电动机的铭牌。如图 3-2-9 所示。

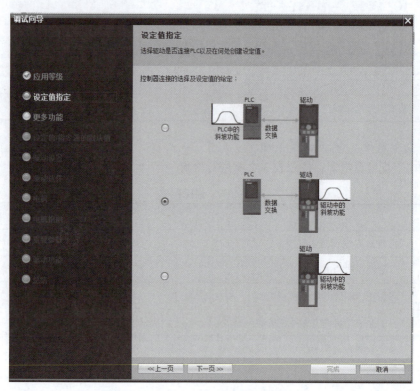

图 3-2-9　调试向导

（3）进行高速计数器相关设置

在设备组态中，选中组态好的 PLC，单击选择"属性"按钮，进行高速计数器的相关设置，并添加中断程序，如图 3-2-10 和图 3-2-11 所示。详细设置步骤请扫描二维码观看视频。

高速计数器设置

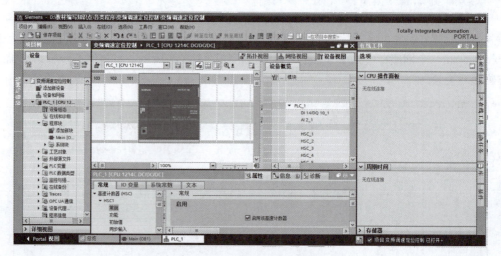

图 3-2-10　高速计数器设置

152　■ PLC 高级应用与人机交互

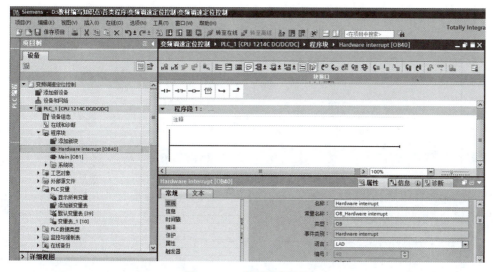

图 3-2-11 中断程序设置

（4）添加 PLC 变量表

根据 I/O 分配表添加 PLC 变量表，为不同的输入、输出信号命名，以便于程序的识读。PLC 变量表定义示例如图 3-2-12 所示，读者可使用不同的名称。

图 3-2-12 PLC 变量表定义参考示例

（5）人机界面画面设计及变量关联

根据规划决策阶段的人机界面画面设计，完成人机界面画面的绘制及相关变量关联，详细步骤请扫描二维码观看视频。

（6）PLC 程序编写

根据程序设计思路，编写程序，详细步骤请扫描二维码观看视频。

变频调速定位控制程序的编写主要包括主程序和高速计数中断程序的编写，主程序中高速计数器部分的程序可参考图 3-2-13。

5. 联机调试

使用网线，将本地电脑与 PLC 连接，下载进行调试，根据控制要求，按下启动、停止按钮，并记录调试过程中出现的问题和解决措施。

人机界面设计

定位控制程序设计

模块三　PLC 变频调速控制　153

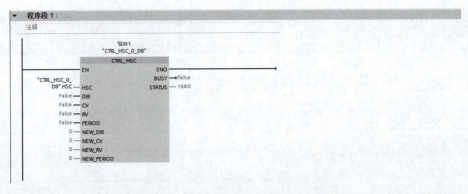

（a）

（b）

图 3-2-13　部分主程序和中断程序
（a）部分主程序 OB0；（b）中断程序

出现问题：　　　　　　　　　　　解决措施：

6. 技术文档整理

按照项目需求，整理出项目技术文档，主要内容包括控制工艺要求、I/O 分配表、电气原理图、电气配盘布局图、PLC 程序、操作说明、常见故障排除方法等。

🔥🔥🔥恭喜你，完成了项目实施，完整地体验了分拣线变频调速定位控制项目的实施过程。

2.5 检查评价

1. 小组自查，预验收

根据小组分工，项目经理与质检员根据项目要求和电气控制工艺规范，进行预验收，并填写预验收记录。请扫描二维码下载表格。

小组自查单

2. 项目提交，验收

组内验收完成后，各小组交叉验收，填写验收报告。请扫描二维码下载表格。

小组互查单

3. 展示评价

各组展示作品，介绍任务完成过程，制作过程视频、运行结果视频，整理技术文档并提交汇报材料，进行小组自评、组间互评、教师评价，完成考核评价表。请扫描二维码下载表格。

项目考核评价表

4. 项目复盘

（1）变频调速定位控制项目基本过程

对于变频调速定位控制项目，完成的主要步骤如下。

1）分析任务需求，填写 I/O 分配表。

在这个项目中，输入设备除了普通的启动、停止按钮外，还有旋转编码器、检测工件的光电开关、检测工件颜色的光纤传感器以及检测气缸到位的磁性开关等，这里需要___个输入信号，信号全为____量，___V 电源供电。

输出设备为变频器和推动气缸，其中变频器与 PLC 之间的连接是网线，没有直接的 I/O 点位连接，与模块三项目一中的设置一致。使用的 1 号气缸的运动是由电磁阀控制的，需要设置___个输入信号，信号全为____量，___V 电源供电。

2）根据 I/O 分配表，查阅 PLC 手册，选择 PLC 型号。

在本项目中 PLC 型号可以选择_____。

3）根据选择的 PLC 型号，设计控制系统电气原理图。

在本项目中，电气原理图的设计是在模块三项目一的基础上，添加输入设备多种传感器的接线和输出设备电磁阀的接线。

4）根据电气原理图，进行电气元件的选择和配电柜设计。

5）领取或购买电气元件，制作配电柜，进行硬件接线及检查。

6）编程调试。

在本项目中，新的知识点是高速计数器的应用，关于高速计数器的一些设置可以在"属性"中设置，需要进行中断程序的设置和编写。

（2）总结归纳

通过输送线变频调速定位控制项目设计和实施，并对所学、所获进行归纳总结。

（3）闯关自查

分拣线变频调速定位控制项目相关的知识点、技能点梳理如图 3-2-14 所示，请对照检查你是否掌握了相关内容。

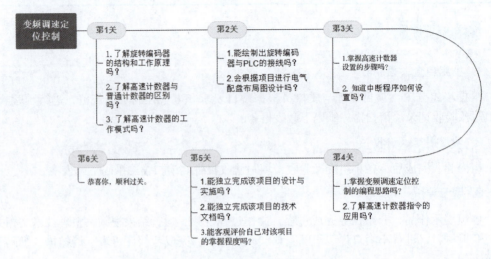

图 3-2-14　变频调速定位控制的评估检查图

（4）存在问题／解决方案／优化可行性

（5）激励措施

👍👍👍恭喜你，完成了检查评价和技术复盘。相信通过分拣线变频调速定位控制项目，你已经掌握了变频调速定位控制项目的设计、实施和检查的基本流程。一定要熟练掌握，领会其精华，这将会使今后的每一个项目完成起来都得心应手。

2.6 拓展提高

本模块项目二实现了单个工件的分拣和入库，现在提出更高的要求，即在本模块项目二的基础上实现对三类工件的分拣控制，工作目标是完成白色芯金属件、白色芯塑料件和黑色芯件的分拣。控制要求如下：

1）按下启动按钮，系统启动，当入料口检测到工件时，变频器启动，驱动传送电动机以一定的转速（转速在触摸屏上设置）把工件送往分拣区。如果工件为白色芯金属件，则送入 1 号料槽中；如果工件为白色芯塑料件，则送入 2 号料槽中；如果工件为黑色芯件，则送入 3 号料槽中。

2）工件被推出滑槽，进入料槽，即推送气缸到位后，一个工作周期结束，此时才可以在入料口检测是否有新的工件。

3）触摸屏也可以实现系统的运行和停止，传送电动机的运行速度在触摸屏上进行设置。

4）如果在运行期间按下停止按钮，则完成本工作周期后停止运行。

1. 任务分析

与本模块项目二相比，输入设备添加了电感式传感器和 2 号、3 号气缸的到位检测，输出设备添加了 2 号和 3 号推送气缸电磁阀。

2. 设计决策

（1）电气原理图设计

与本模块项目二相比，输入设备需要添加电感式传感器、两个磁性开关的接线，输出设备需要添加两个气缸电磁阀的接线。

（2）编程思路设计

编程思路与此前的项目基本相似，只是传送给高速计数器的位置定位脉冲数随着检测工件的特性需要随时改变，也就是说，在程序编写中高速计数器的参考值是变化的，可尝试使用 MOV 指令去实现。

3. 任务实施

1）设置 I/O 分配表。
2）完善电气配盘接线。
3）人机界面设计。
4）编程、调试和运行。

4. 任务总结

通过拓展项目，你有什么新的发现和收获？请写在下面。

👍👍👍恭喜你，举一反三，完成了拓展项目。学会了高速计数器的应用，强化了 PLC 变频调速控制系统的设计思路。但是，PLC 变频调速控制中还有很多问题需要去研究，我们需要不断用知识武装大脑，才能面对任何工控项目问题。

拓展项目详解

2.7 知识链接

一、旋转编码器的认识

旋转编码器是一种采用光电或磁电方法将轴的机械转角转换成数字或模拟电信号输出的传感器件。旋转编码器的外形如图 3-2-15 所示。

图 3-2-15 旋转编码器外形

（1）分类

编码器按照工作原理来分，可分为增量脉冲编码器（SPC）和绝对脉冲编码器（APC），两者一般都是应用于速度控制系统或位置控制系统的检测元件。

增量脉冲编码器将位移转换成周期性的电信号，再把这个电信号转变成计数脉冲，用脉冲的个数表示位移的大小。绝对脉冲编码器的每一个位置对应一个确定的数字码，因此它的示值只与测量的起始和终止位置有关，而与测量的中间过程无关。

旋转增量脉冲编码器以转动时的输出脉冲，通过计数设备来知道其位置，当编码器不动或停电时，依靠计数设备的内部记忆来记住位置。这样当停电后，编码器不能有任何的移动，当来电工作时，编码器在输出脉冲的过程中也不能因干扰而丢失脉冲，不然，计数设备记忆的零点就会偏移，而且这种偏移的量是无从知道的，只有错误的生产结果出现后才能知道。

解决的方法是增加参考点，编码器每经过参考点，即将参考位置修正进计数设备的记忆位置，而在参考点以前是不能保证位置的准确性的。因此，在工控中就有每次操作先找参考点、开机找零等方法。比如，打印机、扫描仪的定位就是用增量脉冲编码器原理，每次开机，我们都能听到噼里啪啦的一阵响，它在找参考零点，然后才工作。这样的方法对有些工控项目比较麻烦，甚至不允许开机找零（开机后就要知道准确位置），于是就有了绝对脉冲编码器的出现。

绝对脉冲旋转光电编码器，因其每一个位置绝对唯一、抗干扰、无须掉电记忆，故已经越来越广泛地应用于各种工业系统中的角度、长度测量和定位控制。

绝对脉冲编码器光码盘上有许多道刻线，每道刻线依次以 2 线、4 线、8 线、16 线……编排，这样在编码器的每一个位置，通过读取每道刻线的通、暗，即获得一组从

$1\sim2^{n-1}$ 次方的唯一的 2 进制编码（格雷码），被称为 n 位绝对编码器。这样的编码器是由码盘的机械位置决定的，它不受停电、干扰的影响。

绝对脉冲编码器由机械位置决定每个位置的唯一性，它无须记忆，无须找参考点，而且不用一直计数，什么时候需要知道位置，什么时候就去读取它的位置。这样编码器的抗干扰特性、数据的可靠性就大大提高。由于绝对脉冲编码器在定位方面明显地优于增量脉冲编码器，故已经越来越多地应用于工控定位中。

（2）技术参数

输出脉冲数/转指旋转编码器转一圈所输出的脉冲数。对于光学编码器，通常与旋转编码器内部光栅的槽数相同。

分辨率指编码器每旋转 360°提供多少的通或暗刻线，也称解析分度或直接称多少线，一般每转分度 5~10 000 线。

（3）信号连接

编码器的脉冲信号一般连接计数器、PLC、计算机，PLC 和计算机连接的模块有低速模块与高速模块之分，开关频率有低有高。

如单相连接，用于单方向计数、单方向测速。

A、B 两相连接，用于正反向计数、判断正反向和测速。

A、B、Z 三相连接，用于带参考位修正的位置测量。

A、A-、B、B-、Z、Z- 连接，由于带有对称信号的连接，故电流对于电缆贡献的电磁场为 0，衰减最小，抗干扰最佳，可传输较远的距离。

对于 TTL 的带有对称负信号输出的编码器，信号传输距离可达 150 m。

二、高速计数器

西门子 S7-1200 PLC CPU 提供了最多 6 个高速计数器，其独立于 CPU 的扫描周期进行计数。1217C 可测量的脉冲频率最高为 1 MHz，其他型号的 S7-1200 PLC CPU 本体可测量到的单相脉冲频率最高为 100 kHz，A/B 相最高为 80 kHz。如果使用信号板还可以测量单相脉冲频率高达 200 kHz 的信号，则 A/B 相最高为 160 kHz。高速计数器可连接 PNP 或 NPN 脉冲输入信号，支持增量脉冲旋转编码器。

（1）高速计数器概述

使用普通计数器时，输入信号要经过光电隔离、数字滤波、脉冲捕捉、过程映像等多个环节，最后才能进入 CPU 由程序处理，且由于输入信号通过过程映像区，所以受扫描周期影响，如图 3-2-16 所示。

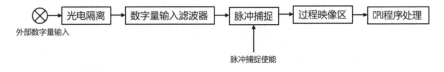

图 3-2-16　普通计数器信号输入

高速计数器在测量输入信号时，输入信号经过光电隔离、数字滤波两个环节后进入 HSC（高速计数）专用芯片，不经过过程影响区，所以不受扫描周期影响，如图 3-2-17 所示。

图 3-2-17 高速计数器信号输入

数字量输入滤波器可过滤输入信号中的干扰,这些干扰可能因开关触点跳跃或电气噪声产生。高速计数器(HSC)的输入点需要设置合适的滤波时间以避免计数遗漏。建议的滤波时间见表 3-2-10。

表 3-2-10 建议的滤波时间

HSC 最高频率	建议的滤波时间 /μs
1 MHz	0.1
100 kHz、200 kHz	0.8
30 kHz	3.2

(2)高速计数器工作模式

S7-1200 PLC CPU 高速计数器支持的工作模式有以下 4 种:

1)单相计数,方向由内部或外部控制加/减计数,即只有一个脉冲输入端,该位 =1,加计数;该位 =0,减计数。单相计数时序图如图 3-2-18 所示。

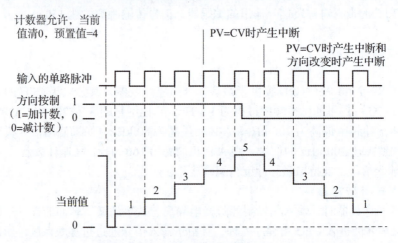

图 3-2-18 单相计数时序图

2)两相脉冲输入的单相加/减计数,即有两个脉冲输入端,一个是加计数脉冲,一个是减计数脉冲,计数值为两个输入端脉冲的代数和。两相位计数时序图如图 3-2-19 所示。

3)A/B 正交计数器,即有两个脉冲输入端,输入的两路脉冲 A 相、B 相相位互差 90°(正交),A 相超前 B 相 90°时,加计数;A 相滞后 B 相 90°时,减计数。A/B 正交计数器时序图如图 3-2-20 所示。

4)A/B 正交计数器四倍频,其时序图如图 3-2-21 所示。

(3)高速计数器计数类型

高速计数器具有"计数""周期""频率""Motion Control" 4 种计数类型。"Motion Control"类型需要在运动控制工艺对象中组态,其他 3 种计数类型均在硬件组态中配置。

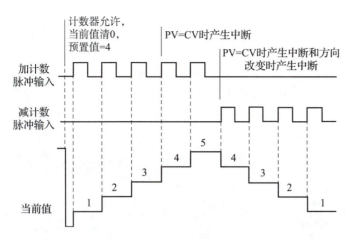

图 3-2-19　两相位计数时序图

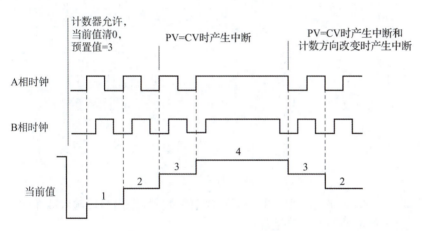

图 3-2-20　A/B 正交计数器时序图

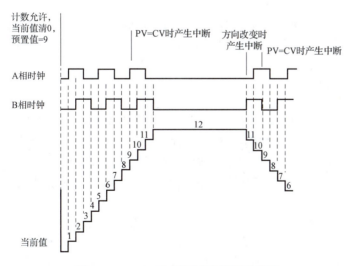

图 3-2-21　A/B 正交计数器四倍频时序图

1)技术测量。

技术类型选择为"计数"时,用来测量输入信号的脉冲个数,并按照计数方向增加或减少计数值。

计数类型选择为"计数"时,支持门输入、捕捉输入、同步输入、比较输出等功能,在硬件组态中,"属性/常规"界面下,可以根据实际情况进行选择,如图3-2-22所示。

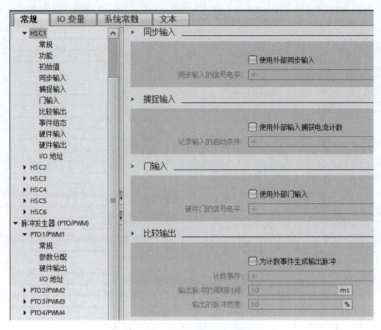

图3-2-22 高速计数器技术类型硬件组态

2)计数类型选择为"周期"时,可在指定的测量周期内测量输入脉冲的个数,并在周期结束后计算脉冲的间隔,即为周期。

当计数类型选择为"周期"时,必须调用高速计数器指令"CTRL_HSC_EXT"。

3)频率测量。

计数类型选择为"频率"时,可在指定的测量周期内测量输入脉冲的个数和持续时间,然后计算出脉冲的频率(单位为Hz)。如果计数方向向下,则该值为负。

三、中断的应用

所谓中断就是当CPU执行正常程序时,系统中出现了某些急需处理的特殊请求,这时CPU暂时中断正在执行的程序,转而对随机发生的更紧急事件进行处理(称为执行中断服务程序),当该事件处理完毕后,CPU自动返回原来被中断的程序继续执行。执行中断服务程序前后,系统会自动保存被中断程序的运行环境,不会造成混乱。

(1)启动组织块的事件

组织块充当操作系统和用户程序之间的接口。组织块包括启动组织块、程序循环组织块、延时中断组织块、循环中断组织块、硬件中断组织块、时间中断组织块和诊断错误组织块。OB是由事件驱动的。当出现启动组织块的事件时,由操作系统调用对应的组织块。如果当前不能调用OB,则按事件的优先级将其保存到队列,如果没有为该事件分配OB

块，则会触发默认的系统响应。S7-1200 PLC 启动组织块事件的属性如表 3-2-11 所示。

表 3-2-11　S7-1200 PLC 启动组织块事件的属性

事件类型	OB 编号	OB 个数	启动事件	优先级
程序循环	1 或 ≥123	≥ 0	启动或结束前一个程序循环 OB	1
启动	100 或 ≥123	≥ 0	从 STOP 切换到 RUN 模式	1
时间中断	≥10	最多 2 个	已达到启动时间	2
延时中断	≥20	最多 4 个	延时时间结束	3
循环中断	≥30	最多 4 个	等长总线循环时间结束	8
硬件中断	40~47 或 ≥123	最多 50 个	上升沿（最多 16 个）、下降沿（最多 16 个）	18
			HSC 计数值 = 设定值，计数方向变化，外部复位，最多各 6 次	18
状态中断	55	0 或 1	CPU 接收到状态中断，例如从站中的模块更改了操作模式	4
更新中断	56	0 或 1	CPU 接收到更新中断，例如更改了从站或设备的插槽参数	4
制造商中断	57	0 或 1	CPU 接收到制造商或配置文件特定的中断	4
诊断错误中断	82	0 或 1	模块检测到错误	5
拔出 / 插入中断	83	0 或 1	拔出 / 插入分布式 I/O 模块	6
机架错误	86	0 或 1	分布式 I/O 的 I/O 系统错误	6
时间错误	80	0 或 1	超过最大循环时间，调用的 OB 仍在执行，错过时间中断，STOP 期间将丢失时间中断，中断队列溢出，因为中断负荷过大丢失中断	22

（2）事件执行的优先级与中断队列

优先级组合队列用来决定时间服务程序的处理顺序。每个 CPU 事件都有它的优先级，不同优先级的事件分为 3 个优先级组。优先级的编号越大，优先级越高。事件一般按优先级的高低来处理，先处理高优先级的事件。优先级相同的事件按"先来先服务"的原则来处理。高优先级组的事件可以中断低优先级组事件 OB 的执行。一个 OB 正在执行时，如果出现了另一个具有相同或较低优先级组的事件，后者不会中断正在处理的 OB，将根据它的优先级添加到对应的中断队列排队等待。当前的 OB 处理完后，再处理排队的事件。不同的事件均有它自己的中断队列和不同的队列深度。对于特定的事件类型，如果队列中的事件个数达到上限，下一个事件将使队列溢出，新的中断事件被丢弃，同时产生时间错误中断事件。

（3）在高速计数器中中断的应用

S7-1200 PLC CPU 在高速计数器中提供了中断功能，用于在某些特定条件下触发程序，共有 3 种中断事件：

(1) 计数值等于参考值中断

计数值等于"初始参考值"时，产生中断，该中断仅在"计数类型"选择"计数"时可激活，中断设置如图 3-2-23 所示。

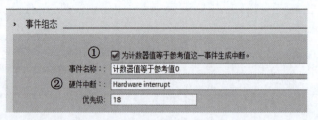

图 3-2-23　高速计数器 CV=RV 中断

1）勾选"为计数器值等于参考值这一事件生成中断"后，使能计数值等于参考值中断。

2）"硬件中断"为硬件中断分配组织块。

(2) 外部同步中断

当触发同步输入时，产生中断，该中断仅在"计数类型"选择"计数"时可激活，中断设置在"事件组态"中组态，如图 3-2-24 所示。

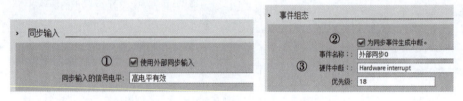

图 3-2-24　高速计数器外部同步中断

1）"同步输入"：勾选"使用外部同步输入"后，为同步输入设置触发条件。
2）勾选"为同步事件生成中断"：使能同步事件中断。
3）"硬件中断"：为硬件中断分配组织块。

(3) 计数方向改变中断

当改变计数方向时，产生中断，该中断在计数类型选择"计数"，且方向选择"输入（外部方向）"时有效，中断设置如图 3-2-25 所示。

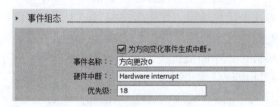

图 3-2-25　高速计数器计数方向改变中断

👍👍👍恭喜你，完成了 PLC 变频调速、编码器定位控制的相关知识、技能和编程思路的学习，学会了如何调节电动机速度、如何检测电动机的传动距离。接下来将进入更加精准的运动控制系统进行学习。

模块四　PLC 运动控制

学习目标

※ 巩固 PLC 运动控制相关知识。
※ 掌握步进电动机控制的思路。
※ 掌握伺服电动机控制的思路。
※ 学会与运动控制有关的基本指令。
※ 学会查阅有关 PLC 硬件和编程的相关文献。
※ 掌握 PLC 逻辑控制系统设计、编程与调试的思路和方法。
※ 培养学生"工匠精神"的职业理想、主动学习的态度和团结协作的精神。

模块简介

当前世界各国都把人工智能与数字化制造等高科技作为产品技术升级与产业提升的核心，德国提出了"工业4.0"，目的是确保德国工业在世界范围的竞争中处于领先地位。国务院于2005年5月印发《中国制造2025》，目的是让中国进入世界制造强国。作为2025计划的支撑核心技术之一，发展高水平的运动控制系统对于推进我国的装备水平无疑是至关重要的。

伴随"中国制造2025"战略的推进，制造业转型升级步伐加快，制造业自动化水平、运动速度、控制精度日益提高，因此，在机械生产中，"中国制造"的运动控制产品和基于网络通信伺服系统在工业中的应用越来越广。本模块以国产步进系统、基于 Profinet 的西门子伺服系统为载体，通过平面仓储装置、输送搬运装置 PLC 控制和人机交互系统的设计与装调，使读者掌握使用步进电动机、伺服电动机进行运动控制的硬件选择、线路设计、程序编写、界面设计、接线调试的思路和方法，进而掌握 S7-1200 PLC 在运动控制方面的编程、应用等开发技巧。

| PLC 高级应用与人机交互 | 模块四 PLC 运动控制
项目一 平面仓储装置步进控制
任务工单 | 学生：
班级：
日期： |

项目一　平面仓储装置步进控制

1.1　项目描述

仓储是各类物资、设备或产品入库、储存、出库活动的总称，是工业生产中的重要环节之一。仓储的自动化程度对促进生产、提高效率起着重要的作用。现有一小型平面仓储装置，结构如图 4-1-1 所示，由平面仓库、直线导轨输送线、推料装置、步进电动机、传感器等组成。直线导轨输送线由步进电动机通过同步带轮驱动，推料装置与输送线同步带安装在一起，当输送线将推料装置移动到指定仓位时，其使用气缸推动物料入库。每个仓位终端安装有仓库货满检测限位开关，输送线左右两端安装有左、右限位，靠右侧限位开关附近安装有原点限位开关。

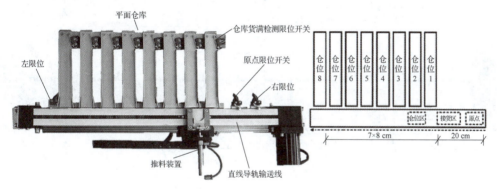

图 4-1-1　平面仓储装置及仓位示意图

1. 任务要求

平面仓储装置有 1 个接货区、8 个仓位，仓位之间、仓位和原点之间距离如图 4-1-1 所示。接货区位于原点左侧 10 cm 处。当上一工位发出货到信号时，推料装置先回原点，再移动到接货区，接到货物后将货物移动到指定仓位区，然后推入仓位，仓位满后再存放到下一仓位。现要求使用 CPU 1214C DC/DC/DC 和触摸屏 KTP700 完成对该装置的自动控制和人机界面设计。控制要求如下：

1）按下启动按钮，绿灯亮；推料装置先回原点，然后到接货区接货；放上货物（触摸屏上设置入库按钮模拟），输送线将推料装置移至第 1 个仓位区，将货物推进仓位；推料完成，返回原点，再移动到接货区，等待放货信号。如此循环，当第 1 个仓位货满后，再把货物存放至下一个仓位，如此类推。

2）按下停止按钮，货物入库后推料装置返回接货区，系统停止，红灯亮。

3）所有仓位全部存满，发出警示信号，蜂鸣器间歇响亮 3 次。

4）设计触摸屏画面，画面上设置启动、停止按钮及各仓位指示灯，仓位货满，仓位指示灯亮，并尝试设计物料输送、入库动画。

2. 学习目标

※ 了解步进电动机的结构、工作原理和步进系统的构成；
※ 掌握步进驱动器的结构、原理和接线方法；
※ 掌握 S7-1200 PLC 的 PTO 组态设置；
※ 掌握步进电动机运动控制的工艺对象设置；
※ 会灵活运用运动控制相关指令，并进行步进控制系统程序设计；
※ 具备输送机构 PLC 步进控制系统设计及程序编写和调试的能力；
※ 学会复杂人机界面的设计思路和组态方法；
※ 培养学生团结协作、刻苦钻研的精神。

3. 实施路径

平面仓储装置 PLC 控制及人机交互实施路径如图 4-1-2 所示。

图 4-1-2 平面仓储装置 PLC 控制及人机交互实施路径

4. 任务分组

根据班组轮值制度，互换角色，讨论成员职责，并完成表 4-1-1 的填写。

表 4-1-1 项目分组表

组名			小组 LOGO	
组训				
团队成员	学号	角色指派	职责	
		项目经理		
		电气设计工程师		
		电气安装员		
		项目验收员		

1.2 任务分析

1. 被控对象分析

1）分析平面仓储运行过程，确定被控对象为_____、_____和_____，其中，步进电动机是驱动推料装置运动的动力，工业控制中称之为执行元件。

2）步进电动机是将_____转换成_____的控制电动机。给步进电动机输入_____，它就_____。

3）步进电动机从其结构形式上可分为三类，分别为____、____和____。本项目中使用的是____，主要由____和____两部分组成，如图4-1-3所示。

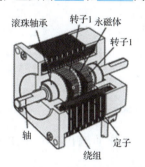 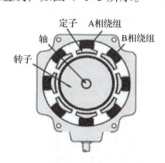

图 4-1-3 二相混合式步进电动机结构图

4）步进电动机的工作原理是什么？有几种工作方式？

5）什么是步距角 θ_b？写出步进电动机驱动丝杠机构或同步带时，移动距离 L 和步距角 θ_b、脉冲数 N 之间的换算关系式，丝杠螺距用 p 表示，同步带带轮直径用 d 表示。

2. 步进控制系统分析

1）与交直流电动机不同，仅仅接上供电电源，步进电动机不会运转，必须和步进驱动器、脉冲发生器构成步进控制系统才能工作。请补充完整图4-1-4所示步进系统结构简图，并简述步进控制系统的工作原理。

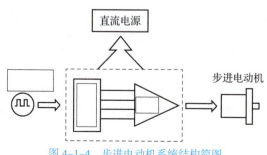

图 4-1-4 步进电动机系统结构简图

学习笔记

2）从图 4-1-4 中可以看出，步进电动机运行要由一电子装置进行驱动，这种装置就是步进驱动器，它把控制系统发出的脉冲信号转化为步进电动机必要的脉冲直流电源，在脉冲直流电的驱动下，步进电动机旋转。如果用 N 表示拍数（即通电状态循环一周电源需要改变的次数），Z_r 表示转子齿数，请写出步距角 θ_b 的计算公式 $\theta_b=$＿＿＿＿＿。

3）步进驱动器具有细分功能，如细分数设定为 40、驱动步距角为 1.8° 的电动机，其细分后的步距角为＿＿＿＿＿。

4）图 4-1-4 中脉冲的产生可由由脉冲发生器完成，也可由 PLC 完成。目前世界上主要的 PLC 厂家生产的 PLC 均有专门的步进电动机控制指令，可以很方便地和步进电动机构成运动控制系统，查阅森创步进驱动器说明书，使用 S7-1200 PLC 完成控制系统接线示意图 4-1-5 的绘制。

森创步进驱动器

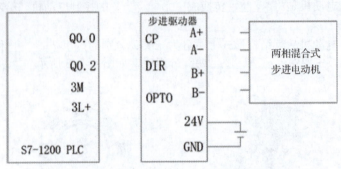

图 4-1-5　步进电动机控制系统接线示意图

PLC PTO 设置

5）S7-1200 PLC 硬件组态时，可设定高速脉冲输出 PTO 和 PWM 功能，说明 PTO、PWM 的含义和设定 PLC PTO 的方法。

PTO＿＿＿＿＿，PWM＿＿＿＿＿，步进控制系统中，使用的是＿＿＿＿＿。PLC 设定 PTO 的方法步骤是＿＿＿＿＿＿＿＿＿＿＿＿＿＿＿＿＿＿＿＿＿＿＿。

3. I/O 设备和 PLC 型号的确定

1）PLC 输入设备有＿＿＿＿＿＿＿＿＿＿＿＿＿＿＿＿＿＿＿＿＿＿＿＿＿＿＿。

2）PLC 输出设备有＿＿＿＿＿＿＿＿＿＿＿＿＿＿＿＿＿＿＿＿＿＿＿＿＿＿＿。

3）步进驱动器是不是 PLC 的输出设备？其要占用＿＿＿个输出信号。

信号板

4）系统需要＿＿个输入信号、＿＿个输出信号，共＿＿I/O 信号，使用 CPU 1214C DC/DC/DC 可以吗？如果点数不足，则增加一个带 4 个输入的信号板模块。选择信号板型号为＿＿＿＿＿，如何安装？其支持漏型输入接法吗？多少伏供电？可选择 SM1221 DC 200 kHz 4×5 V 信号板吗？

本项目中与 PLC 连接的输出设备是步进驱动器、气缸电磁阀和指示灯，其中步进驱动器需要使用 PLC 两个输出点分别用于产生脉冲信号和方向信号。

4. S7-1200 PLC 控制步进电动机的方法分析

步进控制案例

1）步进控制系统中，S7-1200 PLC 通过使用运动控制指令编制程序，发送 PTO 脉冲，通过脉冲+方式的控制驱动器，请扫描二维码观看视频，描述编写 PLC 程序、控制步进电动机工作的基本过程。

（2）描述轴组态的关键步骤和要素，说出回原点设置的含义。

（3）运动控制指令中，_____指令是 MC_Home、MC_MoveJog、MC_MoveAbsolute 和 MC_MoveRelative 等指令使用前必须先启用的指令。

（4）常用运动控制指令如图 4-1-6 所示，讨论各指令的功能、各引脚含义和使用方法。

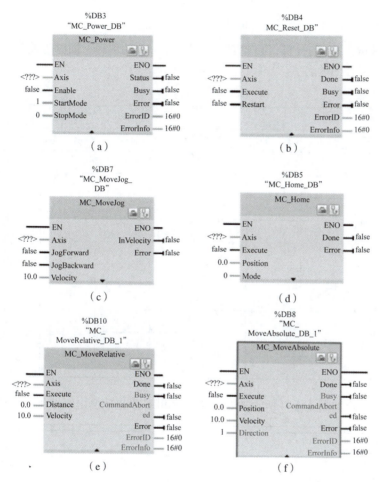

图 4-1-6　运动控制指令
（a）使能指令；（b）复位指令；（c）点动指令；（d）回原点指令；
（e）绝对移位指令；（f）相对移位指令

👍👍👍恭喜你，清楚了步进电动机控制系统的组成、工作原理、运动控制基本指令和 PLC 步进控制的基本流程。接下来将进行设计决策，完成 I/O 分配表、电气原理图、电气配电盘、PLC 程序和人机界面设计的构思。

PLC 高级应用与人机交互	模块四 PLC 运动控制 项目一 平面仓储装置 PLC 控制及人机交互 设计决策页	学生： 班级： 日期：

1.3 设计决策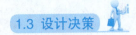

1. I/O 地址分配和 PLC 电气原理图设计

（1）根据 I/O 设备的分析，完成 I/O 分配表 4-1-2 的填写，同时为输入、输出信号定义 PLC 编程中要使用的名字。

表 4-1-2 I/O 分配表

输入端口					输出端口				
序号	地址	元件名	符号	变量名	序号	地址	元件名	符号	变量名

（2）补充完成如图 4-1-7 所示平面仓储装置 PLC 步进控制电气原理的设计。

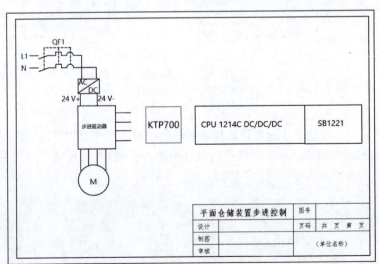

图 4-1-7 PLC 步进控制电气原理图

步进控制电气原理图

2. 电气元件明细表的确定

根据电气原理图，上网搜集资料或查阅电工手册，确定电气元件规格型号，并完成表 4-1-3 的填写。

表 4-1-3 电气元件明细表

序号	元件名称	规格型号	单位	数量	符号	备注

3. 电气配盘布局图设计

使用 AutoCAD 软件进行电气配电盘布局设计，为安装接线提供依据。

4. 人机界面构思

1）根据控制要求，进行人机界面画面设计，草绘在空白工作页上，注意关键要素必须包括在画面内，如启动按钮、停止按钮、入库按钮、次数显示等，也可增加平面次数平面图，进行入库动画设计。

2）PLC 数据块的定义。

在 PLC 中定义一个数据块用于与触摸屏变量关联，数据块命名为_____，数据块中包含的变量为_____。

3）触摸屏变量表的定义。

触摸屏和 PLC 之间关联的变量表见表 4-1-4。

空白工作页

数据块介绍

表 4-1-4 触摸屏和 PLC 之间关联的变量表

	触摸屏中变量		PLC 中变量		
序号	变量名	变量类型	变量名	变量地址	变量类型

程序设计思路介绍

入库顺序功能图

5. PLC 程序设计思路的确定

平面仓储系统看似控制过程复杂，但梳理入库工作过程，就会发现基本工艺流程是：系统运行复位后，按下触摸屏入库按钮，推料装置根据库位信息运动到空仓位→到位，推料入库，返回→返回到位，推料装置回到接货区，等待入库信号。如此类推。

（1）根据基本工艺流程，完成入库顺序功能图的设计

FC 介绍

（2）程序思路

采用模块化设计思想，整个程序分成 Main 程序（OB1）、DB 块、FC1、FC2 四部分。Main 程序包括用于系统复位、运行和入库动作的完成。根据顺序功能图设计出顺序动作程序，完成推料装置移动、入库和返回接货区操作。

FC1 块是步进电动机程序，包括伺服使能指令、回原点指令、复位指令、绝对位移指令等。

FC2 是库位信息判别程序，使用逻辑编程思路，根据库位是否为空，判断入库工位，计算出推料装置水平移动距离。

DB 块用于定义运动指令相关变量，便于步进控制相关参数的统一管理。

（3）库位信息的判别

库位信息判别程序是整个程序设计的难点，如何使用逻辑关系进行库位信息程序设计呢？尝试扫描二维码观看视频学习 SCL 语言，使用 SCL 语言完成库位信息程序的编写。

1）PLC 程序设计的常用方法。

2）SCL 语言编程逻辑运算指令有哪些？

3）尝试使用 if 语句、逻辑运算指令、表达式等完成 FC2 程序的编写。

SCL 语言

👍👍👍恭喜你，完成了平面仓储装置设计规划决策。接下来进入项目实施，完成平面仓储的自动入库操作。

	模块四 PLC 运动控制	学生：
PLC 高级应用与人机交互	项目一 平面仓储装置 PLC 控制及人机交互 项目实施页	班级： 日期：

1.4 项目实施

1. 物料和工具领取

根据电气元件明细表，领取物料，选择适当的电工安装工具，并完成表 4-1-5 的填写。

表 4-1-5 物料领取表

序号	工具或材料名称	规格型号	数量	备注

2. 电气配盘

根据平面仓储装置步进控制系统电气原理图，电气安装员依据电气配盘工艺要求，按照以下步骤，完成硬件连接任务。

1）根据配盘布局图画线。
2）完成线槽切割和线槽、电气元件的安装。
3）进行电源、步进控制线路的安装，将电源、步进连接线引到端子排。
4）进行气缸控制线路的安装，将电磁阀控制线引到端子排。
5）进行输入线路的连接，将电气配电盘输入端与端子排相连。
6）将电气配电盘输入端子排与按钮盒和传感器连接。
7）将配电盘输出端子排与按钮盒、电磁阀和步进电动机连接。

请将在实际操作过程中遇到的问题和解决措施记录下来。
出现问题：　　　　　　　　　　　　　解决措施：

配盘及检查

3. 硬件接线检查

硬件安装完毕，电气工程员自检，确保接线正确、安全，检查内容顺序如下。

（1）断电检查，确保接线安全

使用万用表欧姆挡，检查电源接线是否正确，包括配电盘总电源、24 V 电源、地线等，确保没有短接，并按照表 4-1-6 进行自检。

表 4-1-6 断电自检情况记录

序号	检测内容	自检情况	备注
1	检查稳压电源的电源接线是否正确		
2	检查步进电动机驱动器和步进电动机的接线是否正确		
3	检查步进电动机与 PLC 的接线是否正确		

(2)通电检查，确保接线正确

按照表 4-1-7 进行自检，并完成此表的填写。

表 4-1-7 通电测试

序号	检测内容	自检情况	备注
1	目测 PLC 电源是否接通		
2	目测触摸屏的电源是否接通		
3	目测稳压电源的指示灯是否亮		
4	目测通信模块的电源是否接通		
5	目测步进驱动器的电源是否接通		
6	旋转步进电动机的转动轴，看能否转动，以确认步进电动机接线是否正确		
7	操作按钮盒按钮，检查 PLC 输入点是否工作		
8	触碰限位开关，检查限位开关输入点是否工作		

4. 程序编写和调试

(1)新建工程项目并进行硬件组态

双击打开 Portal 软件，根据向导，新建一个工程项目，项目命名为"平面仓储装置步进控制"或者其他名称。根据电气原理图使用的 PLC 型号，添加 PLC、触摸屏，进行 PLC、触摸屏和本地计算机 IP 地址的设置，确保设备在同一个网段。

(2)添加 PLC 变量表

根据 I/O 分配表，添加 PLC 变量表，为不同的输入、输出信号命名，以便于程序的识读，PLC 变量表定义结果参考如下。

(3)步进电动机工艺对象配置

1）设置启用 PTO 脉冲发生器。

设备视图中，双击 PLC 打开 PLC 属性对话框，如图 4-1-8 所示操作步骤，勾选启动脉冲发生器，设置 PTO 脉冲输出点和方向点，一般默认为 Q0.0、Q0.1，也可以改为变量表中定义的对应输出点。

2）进行轴组态，即定义运动控制工艺对象。

在"项目树"中展开"工艺对象"，如图 4-1-9 所示步骤，双击"新增对象"，弹出对话框，添加轴名称，选择版本（Portal 16 选择 V6.0 版本），选择位置控制轴，单击"确定"按钮，添加工艺对象"定位轴"，然后根据向导逐步完成轴的定义。具体操作步骤请扫二维码码查看。

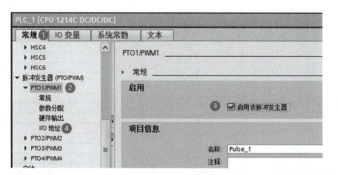

图 4-1-8　启用脉冲发生器

图 4-1-9　新增工艺对象

轴组态

3）轴组态虚拟调试。

选择轴，在"轴控制面板"中进行虚拟调试，验证虚拟轴定义是否正确，具体操作请扫描二维码观看视频。

（4）**程序编写**

根据程序设计思路，编写程序，编写过程可扫描二维码查看。

虚拟轴调试

5. 人机界面设计

根据人机界面设计思路，完成画面、变量、动画设计等，具体步骤请扫描二维码观看视频。

步进控制程序

6. 联机调试

将 PLC 程序与触摸屏画面下载到 PLC 和触摸屏中进行联机调试，请将调试过程中遇到的问题和解决措施记录下来。

出现问题：　　　　　　　　　　　解决措施：

_____

_____

人机界面

6. 技术文档整理

按照项目需求，整理项目技术文档，主要内容包括控制工艺要求、I/O 分配表、电气原理图、电气配盘布局图、程序、操作说明、常见故障排除方法等。

👍👍👍恭喜你，完成项目实施，完整体验了平面仓储装置步进控制项目的实施，掌握了步进控制相关理论和知识技能，提高了自身的素质。

模块四　PLC 运动控制　177

PLC 高级应用与人机交互	模块四 PLC 运动控制 项目一 平面仓储装置 PLC 控制及人机交互 检查评价页	学生： 班级： 日期：

1.5 检查评价

1. 自查、互查和展示

根据之前完成的项目，下载相关评价表，进行自查、互查和展示评价。请扫描二维码下载相关表格。

评价表

2. 项目复盘

（1）重点、难点问题检查

1）轴组态的关键要素包括哪些？

2）进行运动控制程序设计时，必须包括哪些运动控制指令？

3）写出步进电动机运动控制的主要步骤。

（2）闯关自查

平面仓储装置 PLC 控制及人机交互项目的相关知识点、技能点梳理如图 4-1-10 所示，请对照检查，你是否掌握了相关内容。

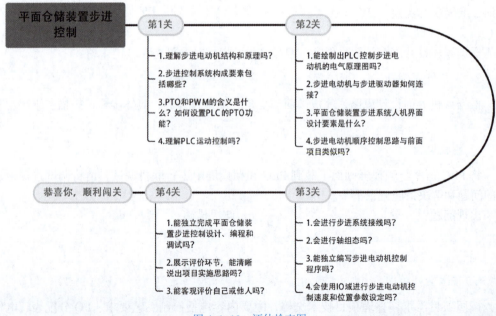

图 4-1-10 评估检查图

(3) 总结归纳

通过对平面仓储装置步进控制项目设计和实施的学习,请将所学、所获归纳总结。

---

(4) 存在问题 / 解决方案 / 优化可行性

---

(5) 激励措施

👍👍👍恭喜你,完成了平面仓储装置步进控制的所有内容,下面进入巩固拓展环节,验证自己对步进控制的掌握情况和对新技能自学的能力。

PLC 高级应用与人机交互	模块四 PLC 运动控制 项目一 平面仓储装置 PLC 控制及人机交互 拓展页	学生： 班级： 日期：

1.6 拓展提高

恭喜你完成了平面仓储的入库控制，现在需要将仓储区分成两个区域，1、2、3、4 号仓库用于存放金属货物，5、6、7、8 号仓库将送入塑料材质。动作工艺过程同前，要求在触摸屏上设置两种物料按钮，按下金属料按钮，将金属货物按照之前控制要求放入 1、2、3、4 号区域；按下塑料按钮，则放到另一个区域，尝试完成 PLC 控制与人机界面的设计和调试。

1. 任务分析

1）输入、输出信号有无变化？电气原理图有无变化？

2）完成两种料的存放，编程思路发生了哪些变化？

3）请扫描二维码学习 FC、FB 的相关知识，思考可否使用 FC 或 FB 块完成拓展任务。

FC 块

FB 块

4）如果在入库的一个工位设置两个传感器进行金属、塑料材质的分拣，尝试用之前学过的方法，利用逻辑编程思路，设计物料分类 FC 程序，请将详细步骤写在下面。

5）物料分拣与库位判别程序是否类似？分析其差异。

2. 设计与实施

与本项目前面的设计过程相比，输入信号、输出信号、硬件接线、电气配盘等没有任何改变，但编程思路复杂了。可采用模块化编程思路，建立不同材质输送的 FC 块，在主程序中调用。自行构思程序，灵活运用本项目的程序设计思路，完成拓展项目。

3. 任务总结

通过拓展项目，有什么新的发现和收获？写在下面。

拓展项目详解

👍👍👍 恭喜你，完成了拓展训练，仔细推敲是否发现了步进控制设计思路实质上与使用位逻辑、定时器等指令控制项目的设计思路类似。步进控制程序只是使用了运动控制相关指令给步进系统发送脉冲和方向信号，运动逻辑关系程序设计思路与之前相同。

1.7 知识链接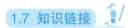

1. 运动控制概述

运动是机器的本质特征。运动控制系统是机床、机器人及各类先进装备高品质和高效率运行的必要保证。运动控制技术是装备领域和制造行业的核心技术。由于实际应用对设备功能需求的千差万别，故实际系统对运动形式的需求也就变得五花八门。运动控制通常是指在复杂条件下将预定的控制方案、规划指令转变成期望的机械运动，以实现控制目标对精确位置、速度、加速度、转矩或力的控制。

按照动力源的不同，运动控制可分为以电动机作为动力源的电气运动控制、以气体和流体作为动力源的气液控制和以燃料（煤、油等）作为动力源的热机运动控制等。据资料统计，所有动力源中90%以上来自于电动机。电动机在现代化生产和生活中起着十分重要的作用，所以电气运动控制应用最为广泛。

电气运动控制是由电动机拖动发展而来的。运动控制系统多种多样，但从总体上看，可分为位置控制和速度控制两大类。从基本结构上看，一个典型的现代运动控制系统由运动需求、运动控制器、驱动控制器、执行器及位置或速度反馈单元构成，如图4-1-11所示。其中，运动需求是运动控制器控制命令的发布者，即运动控制器任务的设定者。运动需求与运动控制器之间的信息通道是"设定"通道。根据控制系统对运动控制的要求，控制器接收命令的形式是多种多样的。最直接的输入设定方式是键盘，除了键盘以外还有触摸屏、串口（如RS232、RS485、USB）、总线方式（如PCI总线、Profibus现场总线）等。运动控制器与驱动控制器之间的连接通道是"控制"通道，它把运动控制器的指令转换为对驱动控制单元的控制信号。驱动控制器与执行器之间是"驱动"通道，驱动控制器是功率放大单元，它通过"驱动"通道完成机电控制转换。位置或速度反馈单元由"检测"通道把执行器的执行结果送回运动控制器，从而实现闭环运动控制。

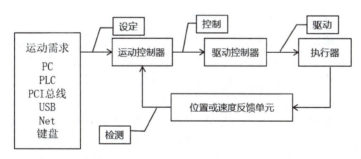

图 4-1-11　运动控制系统框图

运动控制器是整个运动控制的核心，可以是专用控制器，但一般采用具有通信功能的智能装置，如数控系统、工业计算机、可编程序控制器、数字信号处理器或者单片机等。运动控制器的作用是执行编写的程序、采集现场的I/O信号、实现各种运算功能、对程序流程和I/O设备进行控制并与操作站和其他现场设备进行通信。目前，工业生产中常用的

学习笔记

运动控制器包括基于 PCI（Peripheral Component Interconnect，外设部件互联标准）总线和 DSP 的运动控制板卡、可编程序控制器和专用运动控制器等。其中，PLC 控制是位置控制方式，控制时发送高速脉冲指令或通过通信发送速度和位置指令。在 PLC 控制中，点到点的位置控制居多，多轴的顺序启停、主从跟随和多轴同步也可以使用。

2. 步进电动机

步进电动机是将电脉冲信号转变为角位移的执行机构。当步进驱动器接收到一个脉冲信号时，它就驱动步进电动机按设定的方向转动一个固定的角度（即步距角），含义如图 4-1-12 所示。根据步进电动机的工作原理，步进电动机工作时需要满足一定相序的较大电流的脉冲信号，生产装备中使用的步进电动机都配备有专门的步进电动机驱动装置，来直接控制与驱动步进电动机的运转工作。

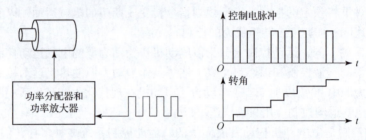

图 4-1-12　步进电动机外观和含义

步进电动机受脉冲的控制，其转子的角位移量和转速与输入脉冲的数量和脉冲频率成正比，可以通过控制脉冲频率、个数来控制电动机转动的速度和角位移量，从而达到调速和定位的目的。步进电动机及驱动器的外观如图 4-1-13 所示。

图 4-1-13　步进电动机和步进驱动器外观

由于其输出的角位移或直线位移可以不是连续的，因此称为步进电动机。步进电动机的精度高、惯性小，不会因电压波动、负载变化、温度变化等而改变输出量与输入量之间的固定关系，控制性能好，具有结构简单、控制方便、定位准确、成本低廉等优点，广泛应用于数控机床、定位精度要求不是很高的设备中。

步进电动机种类很多，主要有反应式、励磁式等。无论什么种类的步进电动机，使用 PLC 进行步进控制的方式都是相同的。关于步进电动机结构、原理、安装等内容，这里不再赘述，详细资料可扫描二维码学习。但是需要对步进电动机参数进行简单了解，现介绍其主要参数如下：

步进电机详解

（1）步距角

步距角表示控制系统每发一个步进脉冲信号电动机所转动的角度。电动机出厂时给出了一个步距角的值，这个步距角可以称为"电动机固有步距角"，但它不一定是电动机实际工作的真正步距角，真正的步距角和驱动器有关。步距角越小，机加工精度越高。

步进电动机和生产机械的连接有很多种，常见的一种是步进电动机和丝杠连接，将步进电动机的旋转运动转变成工作台面的直线运动。在这种应用中，PLC 发出的脉冲个数到达步进电动机上，脉冲实际有效数应为 N/n，步进电动机每转过一圈，需要的脉冲个数为 $360/\theta$，则 PLC 发出 N 个脉冲，工作台面移动的距离为

$$L = \frac{Nd\theta}{360n}$$

式中：N——PLC 发出的控制脉冲的个数；

n——步进电动机驱动器的脉冲细分数（步进驱动器有脉冲细分）；

θ——步距角，即步进电动机每收到一个脉冲变化，轴所转过的角度；

d——丝杠的螺纹距，它决定了丝杠每转过一圈工作台面前进的距离。

在进行轴组态时，要用到上述公式进行相关轴参数的设定。

（2）相数

步进电动机的相数是指电动机内部的线圈相数，常用的有二相、三相、四相、五相等步进电动机。电动机相数不同，其步距角也不同，一般二相电动机步距角为 0.9°/1.8°，三相为 0.75°/1.5°，五相为 0.36°/0.72°。当没有细分驱动器时，主要靠选择不同相数的步进电动机来满足步距角的要求。如果使用细分驱动器，则相数变得毫无意义，用户只需改变驱动器上的细分数，即可改变步距角。

（3）保持转矩

保持转矩是指步进电动机通电但没有转动时，定子锁住转子的力矩。它是步进电动机最重要的参数之一，通常步进电动机在低速时的力矩接近保持转矩。由于步进电动机的输出力矩随速度的增大而不断衰减，输出功率也随速度的增大而变化，所以保持转矩就成为衡量步进电动机最重要的参数之一。

（4）钳制转矩

钳制转矩是指步进电动机在没有通电的情况下，定子锁住转子的转矩。由于反应式步进电动机的转子不是永磁材料，所以它没有钳制转矩。

3. 步进控制系统认识

与交直流电动机不同，仅仅接上供电电源，步进电动机是不会运行的。为了驱动步进电动机，必须由一个决定电动机速度和旋转角度的脉冲发生器（在立体仓库控制系统中采用 PLC 作脉冲发生器进行位置控制）、一个使电动机绕组电流按规定次序通断的脉冲分配器、一个保证电动机正常运行的功率放大器以及一个直流功率电源等组成一个驱动系统。步进电动机驱动系统的基本组成如图 4-1-14 所示。

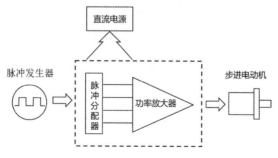

图 4-1-14　步进电动机驱动系统的基本组成

学习笔记

图 4-1-14 中，脉冲分配器和功率放大器构成步进驱动器，接收来自于脉冲发生器（PLC 发送脉冲）产生的脉冲信号，根据脉冲信号将直流电源转换为步进电动机需要的脉冲直流电源传送给步进电动机，使步进电动机工作。步进驱动器把控制系统发出的脉冲信号转化为步进电动机的角位移，或者说控制系统每发出一个脉冲信号，通过驱动器就使步进电动机旋转一步距角。在实际应用中，控制系统还需要给步进驱动器发送一个方向信号，当方向信号有效时，步进驱动器改变输出的脉动直流电相序，使步进电动机反转。

本项目选用森创两相混合式步进电动机和 SH-20403 驱动器，关于步进驱动器的使用请扫描二维码下载相关资料了解。

森创步进驱动器

4. 运动控制指令

（1）工艺对象"轴"

S7-1200 PLC 在运动控制中使用了轴的概念，"轴"工艺对象是用户程序与驱动器之间的接口，用于接收用户程序中的运动控制指令，执行这些指令并监视运行情况。通过对轴的组态，包括硬件接口、位置定义、动态特性、机械特性等，且与相关的指令块组合使用，可实现绝对位置、相对位置、点动、转速控制及自动寻找参考点的功能。驱动器由"轴"工艺对象通过 S7-1200 PLC 的脉冲发生器控制。西门子 S7-1200 PLC 对运动控制需要先进行硬件配置，具体步骤包括：选择设备组态，选择合适的 PLC，定义脉冲发生器为 PTO。

（2）运动控制指令

运动控制指令是在 PLC 程序中使用相关工艺数据块和 CPU 的专用 PTO 来控制轴运动，通过指令库中的工艺指令，如图 4-1-15 所示，可以获得运动控制指令。在使用运动控制指令前，工艺对象必须正确组态完成。

工艺		
名称	描述	版本
▶ 📁 计数		V1.1
▶ 📁 PID 控制		
▼ 📁 Motion Control		V7.0
■ MC_Power	启动/禁用轴	V7.0
■ MC_Reset	确认错误，重新启动工艺对象	V7.0
■ MC_Home	归位轴，设置起始位置	V7.0
■ MC_Halt	暂停轴	V7.0
■ MC_MoveAbsolute	以绝对方式定位轴	V7.0
■ MC_MoveRelative	以相对方式定位轴	V7.0
■ MC_MoveVelocity	以预定义速度移动轴	V7.0
■ MC_MoveJog	以"点动"模式移动轴	V7.0
■ MC_CommandTable	按移动顺序运行轴作业	V7.0
■ MC_ChangeDynamic	更改轴的动态设置	V7.0
■ MC_WriteParam	写入工艺对象的参数	V7.0
■ MC_ReadParam	读取工艺对象的参数	V7.0

图 4-1-15 运动控制指令

下面介绍几种常用的运动控制指令，其他指令请查阅 Portal 软件帮助文件。

（1）MC_Power 指令

轴在运动之前必须先被使能，使用 MC_Power 可集中启用或禁用轴。如果启用了轴，则分配给该轴的所有运动控制指令都将被启用；如果禁用了轴，则用于该轴的所有运动控制指令都将无效，并将中断当前所有作业。MC_Power 指令如图 4-1-16 所示。各参数的含义如下：

184 ■ PLC 高级应用与人机交互

EN——MC_Power 指令的使用端，不是轴的使能端。MC_Power 指令在程序里必须一直被调用，并保证 MC_Power 指令在其他运动控制指令的前面被调用。

Axis——轴名称，可以有几种方式：用鼠标直接从 Portal 软件左侧项目中拖拽轴的工艺对象；用键盘输入字符，Portal 软件会自动显示出可以添加的轴对象；用拷贝的方式把轴的名称拷贝到指令上；用鼠标双击"Axis"，系统会出现右边带可选按钮的白色长条框，这时用鼠标单击"选择"按钮即可。

Enable——轴使能端，轴运动之前必须先使能。高电平时，按照工艺对象组态好的方式使能轴；低电平时，轴将按照 StopMode 定义的组态模式，终止所有已激活的命令，同时停止并禁用运动轴。

StartMode——0 表示启用位置不受控的运动轴；1 表示启用位置受控的运动轴。如果组态的运动轴采用脉冲串控制，则该参数无效。

StopMode——0 表示紧急停止；1 表示立即停止；2 表示紧急停止且带有加速度变化率控制。

Status——反映了运动轴的使能状态。0 表示禁用运动轴，轴不会执行运动控制指令，也不会接受任何新的指令（MC_Reset 指令除外），在禁止运动轴时，只有在运动轴停止之后状态才会更改为 0；1 表示运动轴已启用，运动轴已就绪，可以执行运动控制指令，在启动运动轴时，若已在运动控制向导中组态了"驱动器准备就绪"信号，则必须等待 PLC 接收到"驱动器准备就绪"信号后才将状态更改为 1，否则立即更改为 1。

Busy——反映了该指令正处于活动状态。

Error——反映了该指令或相关工艺对象发生错误，错误的具体原因可结合 ErrorID 和 ErrorInfo 的参数说明了解。

（2）MC_Reset 指令

MC_Reset 指令用于复位伴随运动轴停止出现的运动错误和组态错误，其结构如图 4-1-17 所示。任何其他的运动控制指令均无法中止 MC_Reset 指令，而新的 MC_Reset 指令也不会中止任何其他激活的运动控制指令。在使用 MC_Reset 指令前，必须将需要确认的未决组态错误的原因消除（如通过将轴工艺对象中的无效加速度值更改为有效值）。其主要参数含义为：

Execute——上升沿时启动该指令。

Restart——0 用来确认错误，1 表示在运动轴禁用后将运动轴的组态从装载存储器下载到工作存储器。

Done——1 表示错误已确认，数据类型为 Bool。

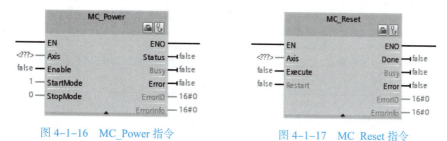

图 4-1-16　MC_Power 指令　　　　　图 4-1-17　MC_Reset 指令

（3）MC_MoveJog 指令

MC_MoveJog 为点动指令，结构如图 4-1-18 所示。该指令可以指定的速度在点动模式下持续移动轴，通常用于测试和调试。使用该指令必须先启用轴，主要参数含义：

JogForward——为 1，运动轴会以参数 Velocity 指定的速度沿正向移动，参数 Velocity 的符号被忽略（默认值为 0）。

JogBackward——为 1，运动轴会以参数 Velocity 指定的速度沿负向移动。

Velocity——点动模式的目标速度（默认值为 10.0），启动/停止速度 ≤ Velocity ≤ 最大速度（允许"Velocity"=0.0）。

PositionControll——值为 0 表示非位置控制操作，值为 1 表示位置控制操作。

（4）MC_Home 指令

MC_Home 为回原点指令，结构如图 4-1-19 所示。该指令可将轴坐标与实际物理驱动器位置匹配。运动轴的绝对定位需要回原点。主要参数含义为：

Execute——上升沿时启动该指令。

Position——完成回原点操作后，运动轴的绝对位置或对运动周位置的修正值。

Mode——回原点模式，具体内容见表 4-1-8 所示。

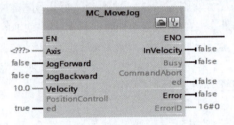
图 4-1-18　MC_Jog 指令

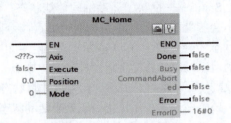
图 4-1-19　MC_Home 指令

表 4-1-8　回原点模式

Mode 参数	功能
0	绝对模式直接回原点，新的运动轴位置为参数 Position 位置的值
1	相对式直接回原点，新的运动轴位置等于当前轴位置+参数 Position 位置的值
2	被动回原点，根据运动控制向导组态的模式进行回原点操作，回原点后，新的运动轴位置为参数 Position 的值
3	主动回原点，按照运动控制向导组态的模式进行回原点操作，回原点后，新的运动轴位置为参数 Position 的值
4	绝对编码器相对调节，将运动轴当前的偏移值设置为参数 Position 的值，计算出的绝对值偏移值保持性地保存在 CPU 内
5	绝对编码器绝对调节，将运动轴当前位置设置为参数 Position 的值，计算出的绝对值偏移值保持性地保存在 CPU 内

（5）MC_MoveAbsolute 和 MC_MoveRelative 指令

绝对位移和相对位移指令，启动运动轴的定位运动，将运动轴移动到某个绝对或相对位置。使用这两个指令必须先启用轴，绝对位移还必须同时启用回原点。相对位移指令执行不需要建立参考点，用于启动相对于当前位置的定位运动，其只需要定义运动距离、方向和速度。

指令结构如图 4-1-20 和图 4-1-21 所示,输入端主要参数含义:

Execute——上升沿时启动该指令。

Position——绝对或相对目标位置(默认值为 0.0),数据类型为 Real,限值:$-1.0 \times 10^{12} \leqslant $ Position $ \leqslant 1.0 \times 10^{12}$。

Velocity——运动轴的目标速度(默认值为 10.0),由于运动控制向导所组态的加速度、减速度以及待接近的目标位置等,因此运动轴不会始终保持这一速度,也有可能达不到这一速度,限值:启动/停止速度 $\leqslant$ Velocity $\leqslant$ 最大速度。

Direction——绝对位移时运动轴的运动方向(默认值为 1),仅在模态运动时起作用,具体内容见表 4-1-9 所示。

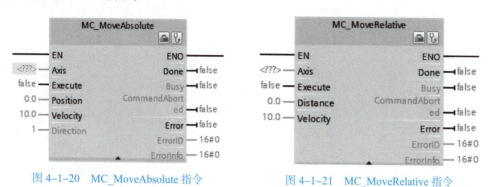

图 4-1-20　MC_MoveAbsolute 指令　　　　图 4-1-21　MC_MoveRelative 指令

表 4-1-9　运动轴运动方向说明

Direction 参数值	说明
0	Velocity 参数的符号用于确定运动的方向
1	从正方向逼近目标位置
2	从负方向逼近目标位置
3	以最短距离逼近目标位置

项目二 输送搬运装置伺服控制

2.1 项目描述

在工业生产中，物料搬运、机床上下料、产品装配等，这些都要求传送平稳、速度快、定位精准。在这种情形下，设备大多采用伺服电动机驱动，通过伺服系统实现精确地跟随和闭环反馈。现有如图 4-2-1 所示某自动线设备上物料输送搬运装置，由抓取机械手、直线输送单元、拖链等部件组成。直线输送单元由伺服电动机驱动，带动抓取机械手实现 X 方向运动，完成从某一工位到另一工位工件的抓取。

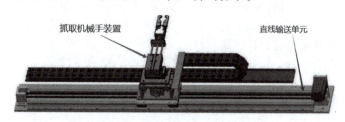

图 4-2-1 输送搬运装置示意图

1. 任务要求

自动线结构如图 4-2-2 所示，由供料站、加工站、装配站、分拣站和输送站组成。输送站工艺功能是驱动抓取机械手装置定位到指定工位，在工位上抓取工件后输送到另一工位放下。输送站左、右设有限位，原点设在图示位置。现在要求使用 CPU 1214C DC/DC/DC 和触摸屏 KTP700 完成工件从装配站到分拣站的控制。

具体要求：

1）系统通电，按下复位按钮，系统复位，抓取机械手装置回原点。复位过程中运行灯以 1 Hz 的频率闪烁。复位完成，运行灯灭。

2）按下启动按钮，系统运行，运行灯亮。物料输送装置开始工作：

①移至装配站，从装配站抓取工件，顺序是：摆台顺时针旋转 90°→手臂伸出→手爪夹紧抓取工件→提升台上升→手臂缩回→摆台逆时针旋转 90°；

②抓取完成，械手装置移至分拣站，移动速度不小于 300 mm/s；

③到达分拣站入料口，手臂伸出，手爪松开把工件放下，手臂缩回，然后以 400 mm/s 的速度返回 900 mm 后，以 100 mm/s 的速度低速返回原点停止。如此循环。

3）按下停止按钮，运行灯灭，停止灯亮。

4）自行设计画面，画面上要有相关操作和显示要素，并尝试模拟机械手移动动画。

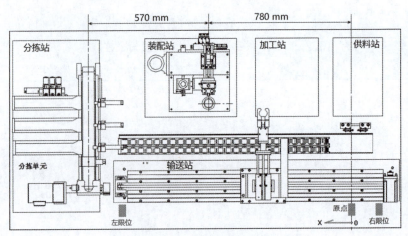

图 4-2-2 某自动线俯视图

2. 学习目标

※ 掌握伺服电动机原理、伺服系统构成及 V90 伺服驱动接线和软件调试；
※ 掌握 PLC 伺服控制的两种方式：工艺对象 TO 和基本定位控制；
※ 学会将复杂的控制项目简单化，进一步掌握 PLC 模块化设计思路；
※ 巩固人机交互系统的设计思路和技能；
※ 遇到问题沉着冷静，培养善于钻研、不怕困难的精神。

3. 实施路径

从本质上来看，输送搬运装置控制方法与本模块项目一平面仓储装置基本类似，但输送搬运装置运动精度要求较高，需要通过伺服系统来实现精确定位，其实施路径如图 4-2-3 所示。

图 4-2-3 输送搬运装置伺服控制实施路径

4. 任务分组

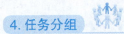

根据班组轮值制度，互换角色，讨论成员职责，完成表 4-2-1 的填写。

表 4-2-1　项目分组表

组名		小组LOGO	
组训			
团队成员	学号	角色指派	职责
		项目经理	
		电气设计工程师	
		电气安装员	
		项目验收员	

PLC 高级应用与人机交互	模块四 PLC 运动控制 项目二 输送搬运装置伺服控制 信息页	学生： 班级： 日期：

2.2 任务分析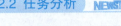

1. 被控对象分析

1）分析输送搬运装置工作过程，确定被控对象有哪些？

2）从本质上讲，被控对象与之前项目有无区别？工业中典型的被控对象有哪三类？

3）输送搬运装置中电动机不是普通的交流电动机，也不是步进电动机，是伺服电动机，什么是伺服电动机？简要描述其结构组成及三相交流伺服电动机的工作原理。

4）从供电方式来分，伺服电动机分为交流和直流伺服电动机；从有无制动功能来分，伺服电动机分为无抱闸和带抱闸功能伺服电动机，分析图 4-2-4，指出哪个伺服电动机带有抱闸功能，并指出电缆接头的名称。

图 4-2-4　西门子 SIMOTICSS-1FL6 伺服电动机外观
（a）_____；（b）_____

2. 伺服系统认识

1）什么是伺服？什么是伺服系统？

2）伺服系统主要组成部分是什么？绘制伺服系统构成要素图，说出伺服系统的基本类型。

3)伺服驱动器是伺服系统的关键核心元件,绘制伺服驱动器结构框图,并简要说明其工作原理。

V90 手册

4)伺服驱动器控制方式有速度控制、位置控制和转矩控制三种,查找资料,简要描述三种控制方式的实现方法。

V90 产品样本

3. 伺服驱动器的选型和 V90 伺服系统认识

1)伺服驱动器是与伺服电动机配套使用的,简要描述伺服驱动器的选型要点。

2)输送搬运装置选用的是西门子 1FL6 0402-1AF21-0LA0 伺服电动机,查阅 V90 简明手册,说明西门子伺服电动机的型号含义,填写在图 4-2-5 中,并指出选用电动机的轴高____、扭矩____、惯量____、速度____、编码器类型____和有无抱闸:____。

3)伺服电动机与伺服驱动器是配套使用的,查阅 V90 基本伺服驱动系统产品样本,为项目中电动机选配的伺服驱动器型号是_____,对照 V90 简明手册说明伺服驱动器的型号含义,填写在图 4-2-6 中。

图 4-2-5 西门子电动机型号规格　　　图 4-2-6 西门子 V90 伺服型号规格

4)伺服驱动器是伺服系统的关键核心元件,SINAMICS V90 伺服驱动器包含不同的型号规格,应用分为____和____两个版本。

5)V90 PN 伺服驱动内置数字量输入/输出接口以及 Profinet 通信端口,可与 S7-1200 PLC 或 1500 PLC 通过 Profinet 网络相连。根据图 4-2-7 和图 4-2-8 单相或三相供电 V90 PN 伺服系统配置接线,说出使用 V90 PN 伺服系统的主要构成要素。

4. S7-1200 PLC 运动控制和 Sinapos 指令认识

1)根据与伺服驱动器的连接驱动方式不同,S7-1200 PLC 运动控制分成三种控制方式,请对这三种控制方式进行简要描述。

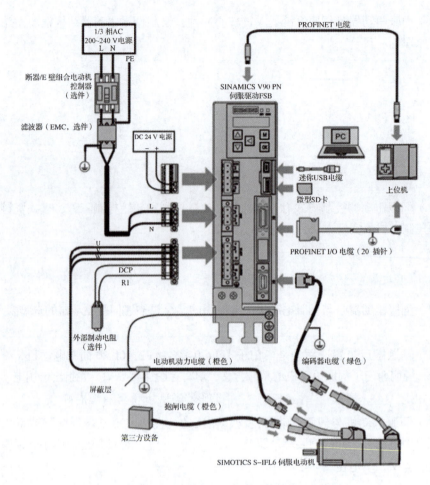

图 4-2-7　V90 PN 单相电网伺服系统的配置连线图

2）V90 PN 伺服系统控制方式也分为三种，请问是哪三种？

3）简要描述 S7-1200 PLC 通过 PTO 方式控制伺服系统的实现过程？与步进系统控制有什么区别？

4）使用运动控制指令和 FB284（SinaPos）库指令对 V90 伺服系统进行编程控制有什么区别？

5）本项目中使用 SinaPos 指令对 V90 伺服系统进行编程控制，简要描述添加 SinaPos 指令的基本步骤。

6）查阅 Portal 帮助文件或扫描二维码，说明图 4-2-9 所示 SinaPos 指令的功能和各引脚的含义及需要连接的变量是什么？

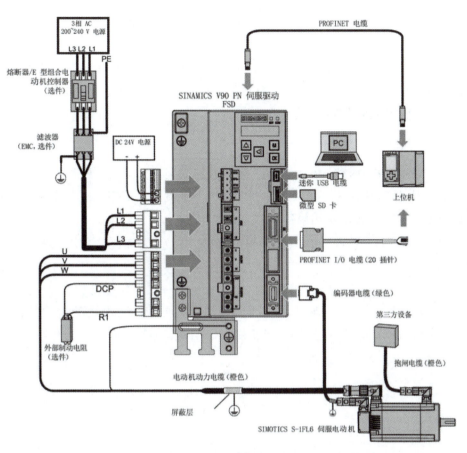

图 4-2-8 V90 PN 三相电网伺服系统的配置连线图

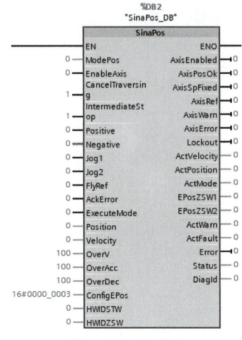

图 4-2-9 SinaPos 指令

Sinapos 指令

V-assistant 介绍

模块四 PLC 运动控制 ■ 195

7）简要描述使用 SinaPos 指令进行运动控制的基本过程。

8）无论什么运动控制方法，打开 Portal 编程前均需要进行 V90 伺服系统的参数设置，设置方法有两种：＿＿＿和＿＿＿＿，最常用的是使用 V-Assistant 进行软件调试，下载、安装该软件，根据相关资料学习其使用方法。

5. I/O 设备和 PLC 型号的确定

1）采用 V90 PN 构建伺服系统，硬件线路得到极大简化，只需要完成相应接口与电动机、PLC 线路的连接，无须多余接线，也不占用 PLC 的物理输出接口，分析 PLC 输入设备是＿＿＿＿，PLC 输出设备是＿＿＿＿＿＿。

2）需要＿＿个输入信号、＿＿个输出信号，共＿＿I/O 信号，使用 CPU 1214C DC/DC/DC 可以吗？

👍👍👍恭喜你，完成了伺服电动机、伺服驱动器、伺服系统选型及搭建、PLC 运动控制方法和相关运动控制功能指令的学习，接下来进入设计决策环节，为项目实施做好规划决策。

PLC 高级应用与人机交互	模块四 PLC 运动控制 项目二 输送搬运装置伺服控制 设计决策页	学生： 班级： 日期：

2.3 设计决策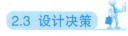

1. I/O 地址分配和 PLC 电气原理图设计

1）根据 I/O 设备的分析，完成 I/O 分配表 4-2-2 的填写，同时为输入、输出信号定义 PLC 编程中要使用的名字。

表 4-2-2　I/O 分配表

输入端口					输出端口				
序号	地址	元件名	符号	变量名	序号	地址	元件名	符号	变量名

2）设计电气原理图。

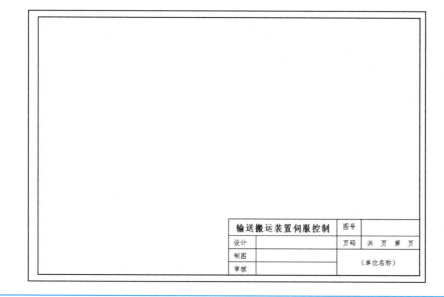

伺服电气原理图

2. 电气元件明细表的确定

根据电气原理图,上网搜集资料或查阅电工手册,确定电气元件规格型号,并完成表 4-2-3 的填写。

表 4-2-3 电气元件明细表

序号	元件名称	规格型号	单位	数量	符号	备注

3. 电气配盘布局图设计

使用 AutoCAD 软件进行电气配盘布局设计,为安装接线提供依据。

4. 人机界面构思

1)根据控制要求,进行人机界面画面设计,草绘在空白工作页,注意关键要素必须包括在画面内,如启动按钮、停止按钮、入库按钮和次数显示等,也可增加平面次数平面图,进行入库动画设计。

空白工作页

2)PLC 数据块的定义。

在 PLC 中定义一个数据块,用于与触摸屏变量关联,数据块命名为:_____,数据块中包含的变量为:_____。完成表 4-2-4 的填写。

3)触摸屏变量表的定义。

表 4-2-4 触摸屏和 PLC 之间关联的变量表

序号	触摸屏中变量		PLC 中变量		
	变量名	变量类型	变量名	变量地址	变量类型

5. PLC 程序设计思路的确定

输送搬运装置貌似与平面仓储系统差异很大，但仔细斟酌后，发现伺服电动机驱动搬运装置运动的过程和平面仓储推料气缸入库过程类似，基本工艺流程都是：系统运行复位后，按下启动按钮，搬运装置移到装配站→到位，推料装置完成抓取动作→抓取完成，将搬运装置移动到分拣站→到位，推料装置放工件→放件完成，回原点。如此类推。

程序设计思路介绍

1）根据基本工艺流程和搬运装置抓取工件流程，完成设计推料装置移动、装配站抓取工件和分拣站放置工件的顺序功能图 4-2-10～图 4-2-12。

图 4-2-10　移动顺序功能图

图 4-2-11　抓取顺序功能图

图 4-2-12　放置顺序功能图

2）程序思路

仍然采用模块化设计思想进行程序分解，将整个程序分成 Main 程序（OB1）、DB 块、移动 FC1、抓取 FC2 和放置 FC3 五部分。先化整为零，然后使用 Main 程序进行 FC 块的调用。FC 块相当于将主程序中的一部分程序，打包放置到一个子程序中，不会像 FB 块那样生成背景数据块。

Main 程序包括用于系统复位、运行和入库动作的完成。根据顺序功能图设计出顺序动作程序，完成推料装置移动、入库和返回接货区操作。

FC1 块是伺服控制程序，使用 Sinapos 功能块指令来实现，按照设计图 4-2-10 进行整个程序逻辑架构的设计和编程。

　　FC2、FC3 是进行工件抓取、放置逻辑的程序设计，是典型的顺序控制，但要注意条件的转换和与其他 FC 的连接转换。

　　DB 块用于定义运动指令相关变量，以便于伺服控制相关参数的统一管理。

　　3）步进控制和伺服控制对比

　　1）对比本模块项目一和项目二的程序设计思路，写出相同与差异。
_____
_____

　　2）在输送搬运装置中可以使用 SCL 语言编写程序吗？
_____
_____

　　恭喜你，完成了推料装置伺服控制的设计决策。是不是发现使用基于 Profinet 的网络通信，控制系统的硬件线路更加简单明了呢？模块化的程序设计思路会让你面对复杂项目时不再感到那么棘手。

PLC 高级应用与人机交互	模块四 PLC 运动控制 项目二 输送搬运装置伺服控制 项目实施页	学生： 班级： 日期：

2.4 项目实施

1. 物料和工具领取

根据电气元件明细表 4-2-5 领取物料，同时选择适当的电工安装工具。

表 4-2-5　物料领取表

序号	工具或材料名称	规格型号	数量	备注

2. 电气配盘

西门子 V90 PN 采用通信方式进行伺服控制，除了电动机电缆、编码器接线和电源接线外，其他配盘与之前项目类似，这里不再赘述。伺服驱动器的安装方式请查阅 V90 手册。请将在实际操作过程中遇到的问题和解决措施记录下来。

出现问题：　　　　　　　　　　解决措施：

配盘及检查

3. 硬件接线检查

伺服控制网络控制线路简单，其他按钮、气缸等控制线路检查与之前类似，这里不再详细描述，但硬件线路检查是每个项目不可或缺的步骤。请将在实施过程中遇到的问题和解决措施记录下来。

出现问题：　　　　　　　　　　解决措施：

4. 程序编写

基于 Profinet，使用 Sinapos 进行伺服控制的程序编写步骤与步进电动机控制有所不同。根据控制要求和程序设计思路，其主要编程步骤如下。

（1）进行伺服驱动器参数的调节

根据选用的伺服驱动器型号，使用 V-ASSISTANT 软件调节伺服驱动器的参数，选择控制模式为"基本位置控制（EPOS）"。具体请扫描二维码查看。

（2）打开 Portal，创建项目，组态 PLC 和触摸屏硬件

根据电气原理图使用的 PLC 型号，添加 PLC 硬件和触摸屏 HMI，方法同前。

（3）在网络视图中添加 V90 PN 设备

添加 V90 设备的方法与 PLC、触摸屏相同，即在硬件目录中找到"SINAMICS-V90-PN_1"，可通过拖拽、双击、复制和粘贴的方式添加到网络视图中，方法见本模块知识链接部分，如图 4-2-30 所示。

西门子
报文 111

（4）进行 V90 PN 报文 111 的设置

关于西门子报文 111 的详细含义，扫描二维码下载相关说明。其添加方法见知识链接图 4-2-31。

（5）添加 PLC 变量表

根据 I/O 分配表，添加 PLC 变量表。

（6）添加伺服参数 DB 块

根据图 4-2-9 所示 Sinapos 的输入、输出参数类型和功能，添加伺服控制相关参数 DB 块，定义 Sinapos 指令相关参数。

伺服程序

（7）PLC 程序编写

根据程序设计思路，注意编写 FC1、FC2、FC3 功能块程序，然后编写主程序，具体程序可扫描二维码查看。

5. 人机界面设计

根据人机界面设计思路，完成画面、变量、动画设计等，具体请扫描二维码观看视频。

人机界面

6. 联机调试

使用路由器、网线进行 PLC、触摸屏、伺服驱动器的硬件连接，然后将程序分别下载到 PLC、触摸屏中，进行联机调试。同时，请将调试过程中出现的问题和解决措施记录下来。

出现问题：　　　　　　　　　　　　　解决措施：
_____   _____
_____   _____

7. 技术文档整理

按照项目需求，整理出项目技术文档，主要内容包括控制工艺要求、I/O 分配表、电气原理图、电气配盘布局图、程序、操作说明、常见故障排除方法等。

👍👍👍恭喜你，完美体验了输送搬运装置伺服控制的实现过程，拨云见日，伺服控制程序没有想象中的那么复杂。但如果想将伺服控制运用得得心应手，还需要进行项目的反复训练，深入挖掘伺服驱动器内部的机理。正如乔布斯的苹果手机设计理念——能简单的绝不繁杂，现在工业控制程序的开发越来越简洁高效，很多成熟的控制功能封装到一个功能块中，随时方便用户调用。同样，用户自己也可以将反复多次经常使用的程序封装成 FB 块，在不同项目中灵活调用。自己可以到网上查阅资料尝试一下。

模块四 PLC 运动控制
项目二 输送搬运装置伺服控制
检查评价页

学生：
班级：
日期：

2.5 检查评价

1. 自查、互查和展示
根据之前完成的项目，下载相关评价表，进行自查、互查和展示评价。

2. 项目复盘

（1）重点、难点问题检查

1）使用 Sinapos 功能指令进行伺服控制，还需要进行轴组态定义吗？

2）使用 Sinapos 功能指令进行伺服控制，需要将伺服驱动器设置成什么工作模式？程序设计的主要步骤是什么？

3）使用 Sinapos 功能指令进行伺服控制，位置在哪里？

（2）闯关自查
输送搬运装置伺服控制项目的相关知识点、技能点梳理如图 4-2-13 所示，请对照检查，你是否掌握了相关内容。

图 4-2-13 评估检查图

（3）总结归纳

通过伺服网络通信控制，归纳总结出最大的收获。

（4）存在问题／解决方案／优化可行性

（5）激励措施

👍👍👍恭喜你，完成了输送搬运装置伺服网络控制，是不是体会到网络控制的优势是接线简单、程序功能模块化、不需要进行复杂的逻辑程序设计？

2.6 拓展提高

恭喜你完成了图 4-2-2 所示自动线从装配站到分拣站的伺服控制，现需要完成所有工站之间伺服控制程序的设计，布局和尺寸如图 4-2-14 所示。

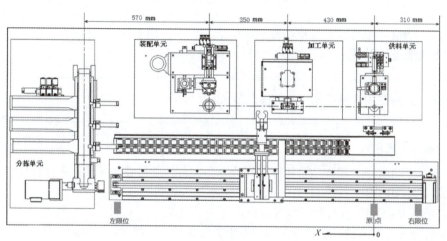

图 4-2-14　某职业技能大赛设备俯视布局图

1. 控制要求

不进行供料站、加工站、装配站和分拣站程序的编写，只完成 X 方向移动和移动到每个工站，进行取件或放件动作，具体设计要求如下。

1）按下启动按钮，搬运装置复位（手爪松开、伸缩缸在后位置、升降缸落下），并进行回原点操作。

2）回原点完成，接着在供料站执行抓取动作，搬运工件到加工单元；加工单元放件，等待 2 s，然后取件，搬运至装配单元；等待 3 s，然后再取件，搬运至分拣站；分拣站完成放件操作，返回原点，重复前面动作。

3）按下停止按钮，完成一个工作循环再停止工作。

4）按下急停按钮，停止在当前位置；按下复位按钮，回到初始位置，等待启动按钮，然后开始前面动作。

根据控制要求，完成电气原理图、顺序功能图、程序设计，有条件的进行调试。

2. 分析设计

1）与上个项目相比，I/O 设备有无本质的变化？增加了什么输入或输出设备？

2）在本项目电气原理图的基础上进行修改，完成拓展项目电气原理图设计。有没有发现 PLC 电气原理图设计的方便、快捷和有规律可循？

3)设计搬运移动过程顺序功能图。

4)尝试使用步进电动机控制程序的编写方法,基于 Profinet 通信,通过发送 PTC 脉冲的方式来进行程序设计,写出设计程序的基本步骤。

5)此时使用几号报文?如何修改报文?

3. 项目实施

打开本项目程序,将本项目程序另存为一个文件,然后在其基础上进行程序修改,需要完成以下几项内容。

1)使用 V-Assistant 进行伺服参数设置;
2)打开另存的文件,修改伺服驱动器报文为 3 号,增加急停、复位变量;
3)将 PLC 设置启用 PTO 功能;
4)定义新工艺对象,进行轴组态;
5)使用运动控制相关指令,重新编写运动控制程序;
6)根据新需求,修改并完善程序,进行调试。

4. 小结

通过拓展项目,你有什么新的发现和收获,写在下面。

拓展项目详解

恭喜你,举一反三,完成了拓展项目。学会了使用 S7-1200 PLC 和 V90 PN 伺服驱动器进行位置控制的方法和步骤,接下来进入知识链接天地,再系统学习项目分析设计和实施过程中用到的知识和技能。

2.7 知识链接

1. 伺服系统认识

伺服（Servo），源于拉丁语的 Servus（英语为 Slave：奴隶），奴隶的意义是忠实地遵从主人的命令从事体力工作，也就是"依照指令准确执行动作的驱动装置，能够高精度地灵敏动作、自我动作状态经常地反馈确认"，而具有这种功能装置的系统就称为伺服系统。伺服系统最初用于国防军工，如火炮的控制，船舰、飞机的自动驾驶，导弹发射等。后来逐渐推广到国民经济的许多部门，如自动机床、无线跟踪控制等。

伺服系统（Servomechanism）用来精确地跟随或复现某个过程的反馈控制系统，使物体的位置、方位、状态等输出被控量能够跟随输入目标（或给定值）的任意变化而变化，主要任务是按控制命令的要求，对功率进行放大、变换与调控等处理，使驱动装置输出的力矩、速度和位置控制非常灵活方便。

（1）伺服系统组成

图 4-2-15 所示为伺服控制系统框图，主要由控制器、驱动装置、伺服电动机、机械传动机构和传感器（反馈装置）五大部分组成。

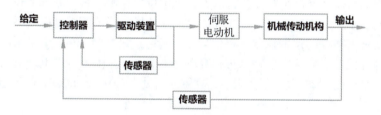

图 4-2-15 伺服系统框图

1）控制器。

伺服系统的关键所在，它根据任务需求，结合传感器的反馈，得出偏差信号，经过必要的算法，产生驱动装置的控制信号，调节控制量。

2）驱动装置。

驱动装置主要起功率放大作用，根据不同的伺服电动机，驱动装置控制伺服电动机的转矩和转速，以满足伺服控制系统的实际需求。驱动装置作为系统的主回路，一方面按控制量的大小将电网中的电能作用到电动机上，调节电动机转矩的大小，另一方面按电动机的要求把恒压恒频的电网供电转换为电动机所需的交流电或直流电；电动机则按供电大小拖动机械运转。

3）伺服电动机。

伺服电动机是伺服系统的执行元件，通常用于精密机械的传动。

4）传感器。

传感器的检测精度和准确度对于伺服控制系统的性能至关重要。

通常把控制器、驱动装置与传感器预处理电路全部整合在一起，制成一个标准产品，即伺服驱动器。

5）机械传动机构。

机械传动机构是实现控制的直接物理形式。要满足各种功能需求，离不开机械传动机构的保证。高精度的机械传动是实现精密控制的坚实基础。

按照伺服电动机的属性，伺服控制系统可以分为直流伺服控制系统和交流伺服控制系统。其特点是调速范围宽、稳定性好、位置控制精度高、动态响应快。

（2）伺服系统的分类

伺服系统是一个位置随动系统，按有无位置检测和反馈环节可分为以下三种。

1）开环伺服系统。

开环伺服系统的执行元件一般采用步进电动机，没有比较控制环节和测量反馈装置，具有结构简单、维护方便、制造成本低等优点，其结构如图4-2-16所示。

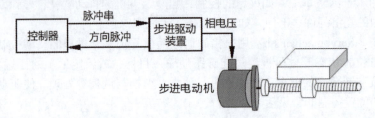

图4-2-16 开环伺服系统结构示意图

由控制器送出进给指令脉冲，经驱动电路控制和功率放大后，驱动步进电动机转动，通过齿轮副与滚珠丝杠螺母副驱动执行部件，无须位置检测装置，系统的位置精度主要取决于步进电动机步距角精度、齿轮丝杠等传动元件的导程或节距精度以及系统的摩擦阻尼特性；难以实现高精度的位置控制，定位精度一般可达±0.02 mm，如果采取螺距误差补偿和传动间隙补偿等措施，定位精度可提高到±0.01 mm。由于步进电动机工作频率的限制，开环进给系统的进给速度也受到限制，在脉冲当量为0.01 mm时，一般不超过5 m/min。所以开环控制系统一般适用于速度、精度要求不高的设备。

2）半闭环伺服系统。

半闭环伺服系统，如图4-2-17所示，将检测装置装在伺服电动机轴或传动装置末端，间接测量移动部件位移来进行位置反馈。位置检测点是从驱动电动机（常用交直流伺服电动机）或丝杠端引出，通过检测电动机和丝杠旋转角度来间接检测工作台的位移量，而不是直接检测工作台的实际位置。

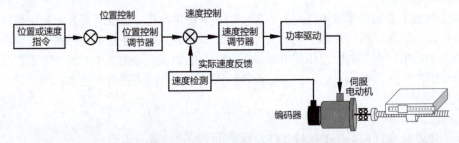

图4-2-17 半闭环伺服系统结构示意图

在半闭环伺服系统中，将编码器和伺服电动机作为一个整体，编码器完成角位移检测和速度检测，用户无须考虑位置检测装置的安装问题。这种形式的半闭环伺服系统在工业中得到了非常广泛的应用。

3）全闭环伺服系统。

全闭环伺服系统，如图 4-2-18 所示，将检测装置装在移动部件上，是通过直接测量移动部件的实际位移来进行位置反馈的进给系统。其可以消除机械传动机构的全部误差，全闭环伺服系统只能补偿部分误差，其比半闭环伺服系统的精度要高一些。由于采用了位置检测装置，故全闭环伺服系统的位置精度在其他因素确定之后，主要取决于检测装置的分辨率和精度。

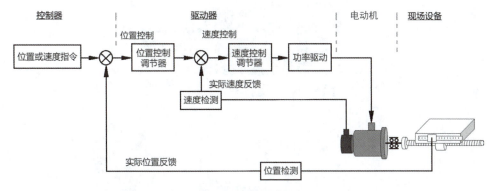

图 4-2-18　全闭环伺服系统结构示意图

全闭环和半闭环伺服系统采用了位置检测装置，在结构上比开环伺服系统复杂。另外，由于机械传动机构部分或全部包含在系统之内，机械传动机构的固有频率、阻尼、间隙等将成为系统不稳定的因素，因此，全闭环和半闭环系统的设计和调试都较开环系统困难。

2. 伺服电动机认识

伺服电动机（Servo Motor）是在伺服系统中控制机械元件运转的发动机，又称为执行电动机，功能是把输入的电压信号变换成转矩和转速驱动被控对象工作，反应快，速度和位置精度高。输入的电压信号又称控制信号或控制电压，改变控制电压的大小和电源的极性，就可以改变伺服电动机的转速和转向。

伺服电动机分为直流和交流两大类，结构如图 4-2-19 所示。伺服电动机结构从功能上分为两大部分，一部分是电动机，由转子、定子、轴承和轴等组成；另一部分是编码器。用于垂直安装的伺服电动机，内部还带有制动器，用于抱闸。

交流伺服电动机定子的构造基本上与电容分相式单相异步电动机相似，定子上装有两个位置互差 90°的绕组，一个是励磁绕组，始终接在交流电压上；另一个是控制绕组，连接控制信号电压。当信号电压为零时无自转现象，转速随着转矩的增加而匀速下降。额定转速内，调整速度，转矩恒定；但是如果超过额定转速，则可以超频，但是转矩会迅速下降。

交流伺服电动机的工作原理是：内部的转子是永磁铁，驱动器控制的 U、V、W 三相电形成电磁场，转子在此磁场的作用下转动，同时电动机自带的编码器反馈信号给驱动器，驱动器将反馈值与目标值进行比较，调整转子的角度。伺服电动机的精度决定于编码器的精度。

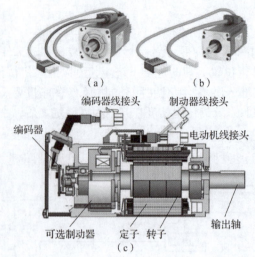

图 4-2-19 伺服电动机外观和结构示意图

（a）带制动器伺服电动机；（b）不带制动器；（c）伺服电动机剖视结构示意图；（d）伺服电动机三维分解示意图

3. 伺服驱动器认识

伺服驱动器（Servo Drives）又称为"伺服控制器""伺服放大器"，是用来控制伺服电动机的一种控制器，作用类似于变频器对于普通交流马达，属于伺服系统的一部分，主要应用于高精度的定位系统。其原理框图如图 4-2-20 所示，一般是通过位置、速度和力矩三种方式对伺服马达进行控制，实现高精度的传动系统定位，是传动技术的高端产品。

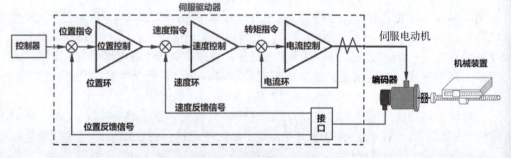

图 4-2-20 伺服驱动器原理框图

（1）伺服驱动器的工作原理

伺服驱动器位于运动控制系统的中间环节，它采用数字信号处理器（DSP）作为控制核心，可以实现比较复杂的控制算法，实现数字化、网络化和智能化。

伺服驱动器接收控制器的位置、速度或扭矩指令，然后输出相应的电压和电流到伺服电动机实现控制器所需要的运动指令。伺服电动机上的编码器将实时地反馈当前电动机的状态信息给伺服驱动器，伺服驱动器实时地比较电动机的实际状态与控制指令的偏差值，通过全闭环控制的方式实时地调整输出给电动机的电压和电流值，从而使被控电动机运行轨迹能够完全跟随上位机控制器发出的信号，实现高精度和高动态的系统定位功能。

伺服驱动器主电路原理框图如图4-2-21所示，功率驱动单元先通过三相全桥整流电路对输入的三相电或者市电进行整流，得到相应的直流电。经过整流好的三相电或市电，再通过三相正弦PWM电压型逆变器变频来驱动交流伺服电动机。功率驱动单元的整个过程可以简单地说就是AC-DC-AC的过程，整流单元（AC-DC）主要的拓扑电路是三相全桥可控整流电路。功率器件普遍采用以智能功率模块（IPM）为核心设计的驱动电路，IPM内部集成了驱动电路，同时具有过电压、过电流、过热、欠压等故障检测保护电路。此外，在主回路中还加入了软启动电路，以减小启动过程对驱动器的冲击。

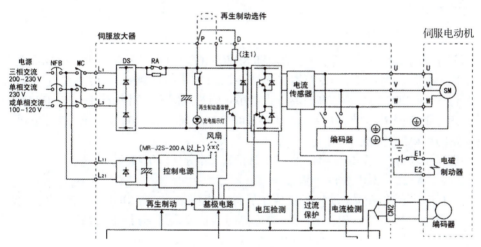

图 4-2-21　伺服驱动器主电路原理框图

（2）伺服驱动器控制方式

一般伺服都有位置控制、转矩控制和速度控制三种控制方式。

1）位置控制。

位置控制模式通过外部输入脉冲的频率来确定转速的大小，通过脉冲的个数来确定转动的角度，也有些伺服通过通信方式直接对速度和位移进行赋值，由于位置模式对速度和位置有很严格的控制，所以一般应用于定位装置。

2）转矩控制。

转矩控制方式是通过外部模拟量的输入或直接的地址赋值来设定电动机轴对外输出转矩的大小，可以通过即时地改变模拟量的设定来改变设定的力矩大小，也可通过通信方式改变对应地址的数值来实现。

其主要应用于对材质的受力有严格要求的缠绕和放卷的装置中，例如绕线装置或拉光纤设备，转矩的设定要根据缠绕半径的变化随时更改，以确保材质的受力不会随着缠绕半径的变化而改变。

3）速度模式

通过模拟量的输入或脉冲的频率都可以进行转动速度的控制，在有上位控制装置的外环 PID 控制时，速度模式也可以进行定位，但必须把电动机的位置信号或直接负载的位置信号给上位反馈以做运算用。位置模式也支持直接负载外环检测位置信号，此时的电动机轴端的编码器只检测电动机转速，位置信号就由直接的最终负载端的检测装置来提供，这样的优点是可以减少中间传动过程中的误差，增加整个系统的定位精度。

如果对电动机的速度、位置都没有要求，只要输出一个恒转矩，则用转矩模式。如果对位置和速度有一定的精度要求，而对实时转矩不是很关心，用转矩模式就不太方便，用速度或位置模式比较好。

如果上位控制器有比较好的全闭环控制功能，用速度控制效果会好一些；如果本身要求不是很高，或者基本没有实时性的要求，就可以采用位置控制方式。

（3）伺服驱动器的选型

伺服驱动器与伺服电动机是配套使用的，因此要根据适配的电动机型号、工作电压、额定功率、额定转速和编码器的规格以及驱动器自身的规格、型号、工作电压是否与所选伺服电动机相匹配。

4. 西门子伺服系统认识

西门子 SINAMICS V90 伺服驱动器和 SIMOTICS 1FL6 伺服电动机可组成性能优异、易于使用的伺服驱动系统，功率范围从 0.05～7.0 kW，可以单相和三相地供电，并广泛应用于各行各业，如定位、传送和收卷等设备中。同时该伺服控制系统可以与 SIMATIC S7-1500T/SIMATIC、S7-1500/SIMATIC、S7-1200/SIMATIC、S7-200 SMART 进行完美配合，实现丰富的运动控制功能。

根据应用场所不同，SINAMICS V90 伺服驱动器分为以下两种。

（1）SINAMICS V90 PTI 伺服驱动器

V90 PTI 是脉冲序列驱动器，集成了脉冲、模拟量、USS/Modbus，具有内部位置控制、外部脉冲位置控制、速度控制和转矩控制的功能，可通过 RS485 接口的 USS 协议、Modbus 与 PLC 进行通信。V90 脉冲序列版本的系统接线如图 4-2-22 所示。

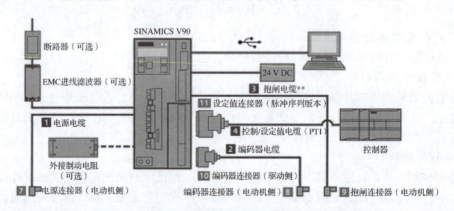

图 4-2-22 SINAMICS V90 脉冲序列版本的系统接线图

（2）SINAMICS V90 PN 伺服驱动器 Profinet 通信

V90 PN 伺服驱动器版本集成了 Profinet 接口，通过 PROFIdrive 协议与上位控制器进行通信。西门子 S7 系列的 PLC 可以通过 Profinet RT（实时）或 IRT（等时实时）通信控制 V90 PN。实时通道用于 I/O 数据和报警的传输。使用 IRT 时，最短通信循环周期为 2 ms。V90 PN 序列版本的系统接线如图 4-2-23 所示。

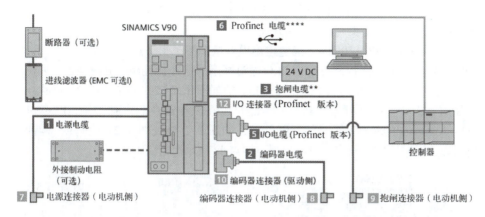

图 4-2-23　SINAMICS V90 PN 序列版本的系统接线图

V90 PN 通过集成的实时自动优化和机器共振自动抑制功能，系统可以自动优化为一个兼顾高动态性能和平稳运行的系统。通信控制常用报文 1、3、5、7、9、102、105、110、111 及附加报文 750。

SIMOTICS 1FL6 伺服电动机为自然冷却的永磁同步电动机，运转时无须外部冷却，热量通过电动机表面耗散。这些电动机具有 300% 过载能力，与 SINAMICS V90 伺服驱动器配合使用可以形成一个功能强大的伺服控制系统。根据具体应用，可选用增量脉冲编码器或绝对脉冲编码器，具有动态性能高、转速控制范围宽且轴端和法兰精度较高的特点。

根据不同应用场合的惯量需求，SIMOTICS 1FL6 伺服电动机分为低惯量电动机和高惯量电动机两类，接线方式如图 4-2-24 和图 4-2-25 所示，性能详见二维码。

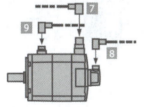 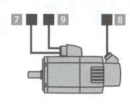

图 4-2-24　SIMOTICS 1FL6 高惯量接线方式　　图 4-2-25　SIMOTICS 1FL6 低高惯量接线方式

电机性能参数

本模块项目二使用的是 SIMOTICSS-1FL6-042-1AF 交流伺服电动机，分抱闸和不抱闸两种，外形如图 4-2-19（a）和图 4-2-19（b）所示。输送线水平安装，伺服电动机无抱闸功能，其尾部两根电缆接头分别是编码器接线、电动机电源接线。编码器接线需要连接到伺服驱动器编码器接口，电动机电源线连接到伺服驱动器电源输出口。

需要特别注意的是，伺服电动机三根电源线 A、B、C 和地线必须与驱动器输出的三相电源 U、V、W ——对应连接，不能像普通电动机那样接线，并且伺服电动机要与伺服驱动器配套使用，不能随意将不同品牌伺服电动机和驱动器混搭在一起。

5. S7-1200PLC 运动控制方法

根据与伺服驱动器的连接驱动方式不同，S7-1200 PLC 运动控制分成三种控制方式，如图 4-2-26 所示。

1）Profidrive 方式，S7-1200 PLC 基于 Profibus/Profinet 的 Profidrive 方式与支持 Profidrive 的驱动器连接，进行运动控制。

2）PTO 方式，S7-1200 PLC 通过发送 PTO 脉冲的方式控制驱动器，可以是脉冲+方向、A/B 正交，也可以是正/反脉冲的方式。

3）模拟量方式，S7-1200 PLC 通过输出模拟量来控制驱动器。

当前工业主流的伺服控制方案是 PLC 通过网络通信连接控制伺服驱动器。西门子 S7-1200 PLC 与 S120/V90 PN 构成的基于 Profinet 的伺服系统接线如图 4-2-27 所示。当实现定位控制时，位置控制器可以在 PLC 中，也可以在驱动器中，分别对应于 PLC 的工艺对象（TO）及驱动中的基本定位功能（EPOS），如图 4-2-28、图 4-2-29 所示。两种方式的具体实现方法不同，做控制方案时应根据不同需求来确定使用何种方法。

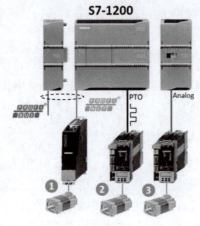

图 4-2-26　S7-1200PLC 运动控制三种方式

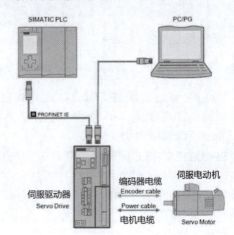

图 4-2-27　S7-1200PLC 与 V90 PN 驱动器接线方式

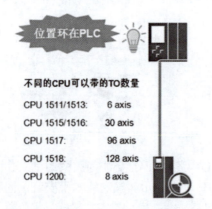

图 4-2-28　工艺对象控制

图 4-2-29　EPOS 控制

（1）PLC 的工艺对象（TO）控制

在 PLC 中组态位置轴工艺对象，V90 使用标准报文 3，通过 MC_Power、MC_MoveAbsolute 等 PLC Open 标准程序块进行控制，这种控制方式属于中央控制方式，位置控制在 PLC 计算中，驱动执行速度控制，而 V90 PN 工作在速度模式下，V90 PN 与 PLC 采用 Profinet RT 通信方式，项目操作步骤如下。

1）创建项目，添加 S7-1200 PLC CPU，设置 CPU 属性，启用 PTO 功能。

2）在网络视图中添加 V90 PN 设备，操作步骤如图 4-2-30 所示，逐级打开硬件目录"其他现场设备 Other field device"，找到 SINAMCS V90 PN V1.0，将其拖拽至网络视图中，并建立 V90 PN 和 PLC 的网络连接，设置各自的 IP 地址及设备名称，具体方法可扫描二维码查看。

图 4-2-30　添加 V90 PN 设备操作步骤示意图

V90 伺服驱动器的添加和组态

在进行 V90 PN 伺服驱动添加之前需要在 Portal 中安装好 GSD 文件，下载和安装方法可扫描二维码查看。GSD 文件是 Profibus-DP 产品的驱动文件，是不同生产商之间为了互相集成所建立的标准通信接口。当使用 Profibus DP 或 Profinet I/O 总线通信时，需要组态第三方设备或 I/O device 设备，需要安装这些设备的 GSD 文件。

3）在设备视图中为 V90 配置标准报文 3，添加步骤如图 4-2-31 所示。

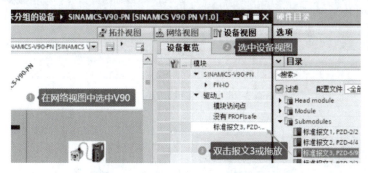

图 4-2-31　添加标准报文 3 操作步骤示意图

V90 GSD 文件的下载和安装

4）如定义步进电动机轴一样，进行轴组态，定义"定位轴"工艺对象（TO）相关参数，包括控制方式、驱动器、编码器、机械、位置限制、回原点方式等，具体参数含义和组态方法可扫码二维码查看，关键步骤如图 4-2-32~ 图 4-2-35 所示。

5）在 OB1 中使用 MC_ Power、MC_ _MoveAbsolute 等 PLC Open 运动控制指令编写轴的位置控制程序，PLC Open 指令位于工艺指令目录下的运动控制文件夹中，命令说明请查看 Portal 帮助文件或扫描二维码学习。

PLC Open 运动控制指令

使用 S7-1200 PLC 通过工艺对象（TO）进行定位控制，占用 PLC 资源。根据 PLC 型号不同，PLC 最大带轴数量也有很大差别。其优点在于，除了可以实现单轴基本定位功能

模块四　PLC 运动控制　215

V90 伺服轴
组态详解

外，还可以实现齿轮同步、凸轮同步等高级位置控制功能和高动态、高精度的位置控制。

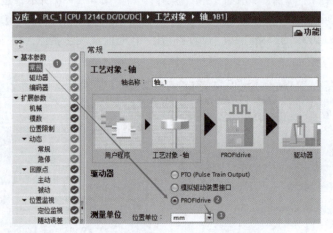

图 4-2-32　常规设置（设置控制方式和位置单位）

报文 3

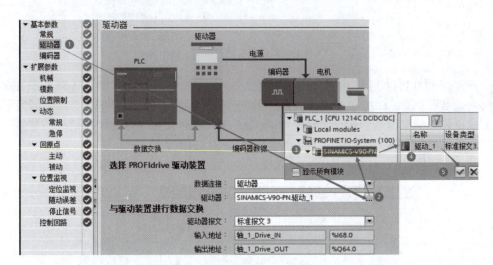

图 4-2-33　驱动器设置（添加报文 3）

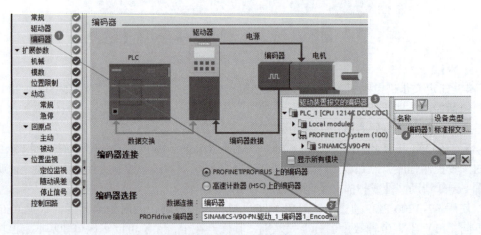

图 4-2-34　编码器设置（添加编码器报文 3）

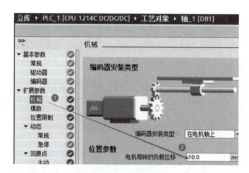

图 4-2-35 机械设置（设置电动机每转一圈的位移）

（2）驱动中的基本定位功能（EPOS）

S120/V90 PN 驱动器内部集成了基本定位控制器（EPOS），在 PLC 中使用全局库中 FB284（SINA_POS）或 FB38002（Easy SINA Pos）功能块，V90 使用西门子 111 报文，激活驱动器 EPOS 功能实现单轴的点动、回零、程序步、相对定位以及绝对定位等操作。功能块 FB38002 是 FB284 功能块的简化版，功能比 FB284 少一些，但是使用更加简便。

EPOS 基本定位控制属于分布控制方式，位置控制在驱动器中计算，PLC 只需通过报文发送启动命令、定位速度、目标位置等信息至驱动器即可，如图 4-2-28 所示。支持 Profinet 通信的 PLC 通过安装 GSD 文件的方式可以组态 V90 PN 进行控制。其优点在于基本定位功能不占用 PLC 资源，PLC 能控制的轴的最大数量主要受 PLC 本身所能连接的 Profinet 站点数量的限制；缺点在于只能实现单轴的定位。

V90 PN 的基本定位（EPOS）可用于直线轴或旋转轴的绝对及相对定位。在使用 FB284（SinaPos）库指令之前，需要在调试软件 V-Assistant 中进行驱动器的参数设置，激活基本定位器。

基本定位控制（EPOS）的基本步骤如下。

1）V-Assistant 中配置参数：选择控制模式为"基本位置控制（EPOS）"→配置报文西门子标准报文 111）、IP 地址和设备名称→配置 EPOS 参数。

2）在 Portal 中安装好 GSD 文件，创建项目，添加 S7-1200 PLC CPU 和 V90 PN 设备，建立网络，进行报文配置，操作方法同上，添加报文时选择 111 报文。

3）在循环组织块 OB1（或循环中断组织块如 OB32）中添加 FB284（SinaPos）库指令，为各个管脚添加变量，添加步骤如图 4-2-36 所示。

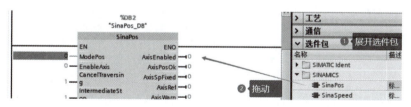

图 4-2-36 Portal V16 添加 SinaPos 指令的步骤示意图

在 Portal V16 版本中，FB284 功能块位于"指令"→"选项包"中，名字为 SinaPos。之前版本 FB284 位于"全局库"中。

4）使用库指令 FB284（SinaPos）对 V90 伺服进行编程控制，关于该指令的详细解释，请查阅相关资料或查看 Portal 帮助文件。

6. 伺服驱动器调试软件使用

西门子发布了 V90 设备的最新版 V-Assistant V1.07 调试工具软件，可以支持带脉冲序列的 V90 PTI 和带 Profinet 的 V90 PN 产品的调试。

SINAMICS V-Assistant 工具用于调试和诊断 SINAMICS V90 驱动。该软件可在装有 Windows 操作系统的个人电脑上运行，利用图形用户界面与用户互动，能通过 USB、Profinet 与 V90 驱动通信，用于修改 SINAMICS V90 驱动的参数并监控其状态，可登录西门子官网免费下载安装，但使用时必须连接伺服驱动器。

最新版软件的最大特点是支持调试电脑通过网线连接 V90 PN 端口的调试方式。V-Assiatant 调试软件操作界面如图 4-2-37 所示，基本功能包括选择驱动、配置网络、设置参数、调试诊断、优化驱动等，详细使用方法可扫描二维码下载"V-Assistant 软件介绍（V90 最新版以太网调试软件）"或观看视频。

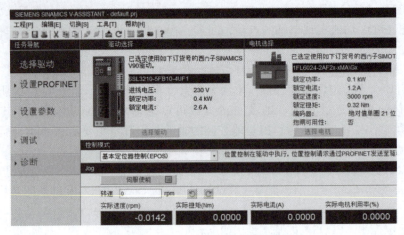

图 4-2-37　V-ASSIATANT 软件操作界面

👍👍👍恭喜你，完成了 PLC 运动控制，学会了步进控制、伺服控制相关项目的设计开发与调试。至此，完成了 PLC 主要功能的学习，为以后从事工业控制奠定扎实的基础。实践出真知，想成为 PLC 高手，必须善于思考、勤于动手。

模块五　网络集成和虚拟调试

学习目标

※ 了解 PLC 网络通信的基本概念和类型。
※ 学会 S7-1200 PLC 与分布式 IO 设备之间的以太网通信。
※ 学会 S7-1200 PLC 与 RFID、ABB 工业机器人之间的以太网通信。
※ 学会 S7-1200 PLC 与 1200PLC、200SMART 之间开放式用户通信的通信协议、常用指令及编程方法。
※ 学会综合运用触摸屏、变频调速、伺服控制等技术进行复杂控制项目的设计开发与虚拟调试。
※ 学会单机设备、智能线 PLC 控制项目系统集成设计的开发思路和步骤。
※ 培养团队协作精神、科技报国情怀和精益求精的工作作风。

模块简介

随着工业物联网（IIOT）和工业互联网的普及，智能制造行业来自远程位置的数据需求增加，这意味着网络边缘将有更多的 PLC、计算机等智能设备。S7-1200 PLC CPU 本体上集成了一个或者两个 Profinet 通信口，支持以太网和基于 TCP/IP 和 UDP 的通信标准，通过这个通信口可以实现远程数据传递，实现人、机、物、系统的网络集成。

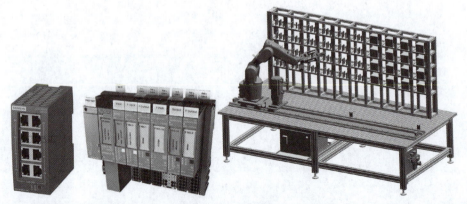

S7-1200 PLC 本体采用积木式结构，通过 CPU 模块上的扩展口，利用总线技术连接信号模块、模拟量模块等，扩展 IO 数量；也可通过 Profinet 通信口或通信模块，实现与编程设备、分布式 IO 模块、I-device、机器人、其他 PLC 等诸多设备的通信，实现中大型系统的网络集成。本模块通过小型分拣仓储系统、某智能制造生产线智能仓储单元 PLC 控制系统的设计与实现，使读者掌握 S7-1200 PLC 常用网络通信方法和复杂控制系统的模块化设计思路和集成技巧。

PLC 高级应用与人机交互	模块五 网络系统集成 项目一 分拣仓储系统网络集成控制 任务工单	学生： 班级： 日期：

项目一 分拣仓储系统网络集成控制

1.1 项目描述

某分拣仓储系统平面示意图如图 5-1-1 所示，由储料塔、推料机构、分拣线、机械手、定位输送线、入库机构、平面仓库（含 8 个仓位）等组成，用以实现工件储存、出库、输送分拣、搬运、定位入库等操作。

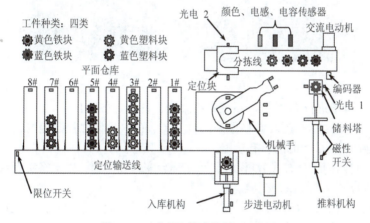

图 5-1-1 分拣仓储系统平面示意图

分拣仓储系统

工作过程为：首先，把工件从井式储料塔放入，推料机构将其推送到分拣线传送带上，将工件送至机械手下方定位块处，传送过程中安装在传送带上方的电感、电容、颜色三种传感器对工件材质、颜色进行检测，PLC 系统根据检测结果判断出工件种类；然后，机械手将工件抓取、搬运到入库机构上，步进电动机驱动定位输送线传送带并带动入库机构根据所检测到的工件种类，将工件送到平面仓库八个仓位之一的入口处；最后，入库机构将工件推入料仓。

工件为带不同材质芯轴的不同颜色的齿轮套件，共 4 种类型，分为铁芯黄色齿轮套件、塑料芯黄色齿轮套件、铁芯蓝色齿轮套件、塑料芯蓝色齿轮套件。工件存储仓位可定义为 1#、2# 仓位存放铁芯黄色齿轮套件，3#、4# 存放塑料芯黄色齿轮套件，依次类推，前一个仓位存满后再存放到下一仓位。

1. 任务要求

分拣仓储系统如图 5-1-2 所示，其原来采用两台 S7-200 PLC 进行控制，一台控制货物分拣系统，包括出库、输送、分拣和机械手搬运；另一台控制平面仓储系统。

该设备使用多年，线路老化，S7-200 PLC损坏，但机械部分完好无损，能正常使用。其中，货物分拣部分输送线采用变频调速，变频器采用松下VF0变频器，电动机输出轴安装有编码器，型号为E6B2-CWZ6C 1000P/R。平面仓储部分输送线采用步进控制，步进驱动器型号为SH-20403。

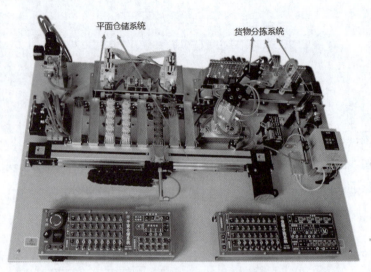

图 5-1-2　分拣仓储系统实物图

现要求对该设备进行PLC控制系统升级改造，具体要求如下：

1）使用1台S7-1200 PLC替换原来两台PLC，PLC安装在控制柜内，在PLC内编写程序实现原来两台PLC控制的所有功能。

2）增加1套西门子分布式IO模块，与实训台安装在一起，用于将实训台上所有的IO信号通过Profinet通信与PLC交互数据。

3）添加触摸屏，设计主画面、分拣画面、机械手画面、仓库画面，主画面控制系统整体运行、停止、产量显示等，分画面实现各个工序动作演示等。

请选择合适的PLC、触摸屏完成对分拣仓储PLC控制系统进行升级改造和安装调试。

2. 学习目标

※ 能综合运用逻辑控制、变频调速、运动控制等知识和技能，解决复杂的PLC控制问题。

※ 学会远程IO的使用和组态，会使用Profinet网络进行S7-1200 PLC与远程IO、触摸屏之间的通信、编程。

※ 能运用PLC模块化设计思想进行复杂的控制项目设计、编程和调试。

※ 培养查阅资料、使用PLC相关手册等解决工程问题的能力。

※ 培养质量意识、安全意识、节能环保意识以及规范操作等职业素养。

3. 实施路径

分拣仓储PLC控制系统综合性较高，需要用前面模块中学到的PLC控制相关知识和技能，也需要使用一些新的技术，如网络通信、模拟量控制，但PLC控制项目实施过程路径与之前模块基本类似,具体如图 5-1-3 所示。

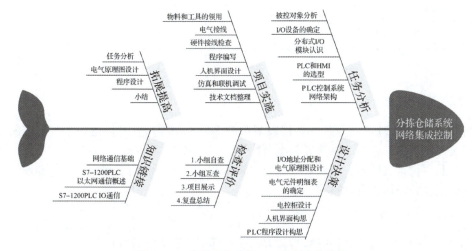

图 5-1-3　分拣仓储系统 PLC 控制实施路径

4. 任务分组

分拣仓储系统属于一个小型自动线系统,其包括推料、输送、分拣、搬运、推料入库等多个工位。为了在短期内快速完成该项目 PLC 控制系统改造和升级,建议采用小组间分工合作模式完成该项目,8 人一组,分工完成各工位相关工作,项目分组表如表 5-1-1 所示。

表 5-1-1　项目分组表

组名				
组训			小组LOGO	
团队成员	学号	角色指派	职责	
		项目经理	系统总体设计和分工,制订计划,监督进度,进行质量检验	
		电气设计工程师 1	推料和分拣工位 PLC 控制原理图、程序和 HMI 界面设计	
		电气设计工程师 2	机械手搬运工位 PLC 控制原理图、程序和 HMI 界面设计	
		电气设计工程师 3	平面仓储工位 PLC 控制原理图、程序和 HMI 界面设计	
		电气设计工程师 4	电气原理图和电控柜设计	
		电气设计工程师 5	系统集成,整体联机调试	
		电气安装员	电气配盘和检查	
		项目验收员	项目验收	

PLC 高级应用与人机交互	模块五 网络系统集成 项目一 分拣仓储系统网络集成控制 信息页	学生： 班级： 日期：

1.2 任务分析

分拣仓储系统 PLC 控制是一个比较复杂的单机控制项目，综合运用了气缸控制、电动机调速控制、步进控制、触摸屏画面设计等综合 PLC 知识和技能。但是与前面各模块小型控制项目一样，其分析、设计和实施过程基本相同。打印空白工作页，进行知识链接学习，完成任务分析相关引导问题。

1. 被控对象分析

空白工作页

1）被控对象有哪些？哪些是动力元件？哪些是照明或指示元件？

2）复习回顾，绘制单个气缸气动回路图和 PLC 控制气缸的接线图。

VF0 变频器手册

3）VF0 变频器作为控制电动机速度的执行器，既要与电动机连接，又要与 PLC 输出端连接，请查阅手册，绘制其主电路和控制线路端子接线图，并说明引脚的含义。

❓ 4）查阅 VF0 变频器手册，采用模拟量调速，绘制三相交流异步电动机变频调速主回路和 PLC 控制线路图，指出模拟量调速需要设置哪些参数及如何设置这些参数。

❓ 5）绘制步进电动机步进控制主回路和 PLC 控制线路图。

❓ 6）因气压传动具有反应快、动作迅速、维护简单等优点，故分拣仓储系统推料机构、机械手、入库机构都是由气压系统提供动力和运动，气压传动原理如图 5-1-4 所示，分析气动系统工作原理。

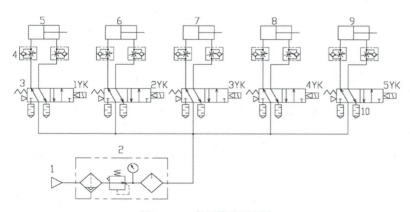

图 5-1-4　气压传动原理图

1—气源；2—气动三联件；3—二位五通电磁换向阀；4—单向调整阀；5—推料气缸；
6—机械手升降气缸；7—机械手夹紧气缸；8—机械手旋转气缸；9—入库气缸；10—消声器

7）根据分拣仓储系统工作过程和气压原理图，完成各个电磁阀动作顺序表 5-1-2 的填写，＋号表示接通，－号表示断电。

表 5-1-2　分拣仓储系统电磁阀动作顺序表

		1YK	2YK	3YK	4YK	5YK
初始状态		－	－	－	－	－
出库	储料塔有工件，出库					
	工件到分拣线，推料气缸返回					
搬运货物机械手动作	机械手初始位置					
	工件到位，机械手下降					
	工件到位，夹紧工件					
	夹紧到位，机械手上升					
	上升到位，机械手正转					
	旋转到位，入库机构在初始位置（定位线右端），机械手下降					
	下降到位，松开工件					
	松开到位，机械手上升					
	上升到位，机械手反转，回到初始位置					
入库	工件传输到位，入库					
	入库到位，入库气缸返回					

2. I/O 设备的确定

1）PLC 输入设备有＿＿＿＿＿＿＿＿＿＿＿＿＿＿＿＿＿＿＿＿＿＿＿＿＿。

2）PLC 输出设备有＿＿＿＿＿＿＿＿＿＿＿＿＿＿＿＿＿＿＿＿＿＿＿＿＿。

3）系统需要＿＿个输入信号、＿＿个输出信号，共＿＿个 I/O 信号，哪些信号是数字量？哪些信号是模拟量？

3. 分布式 IO 模块认识

1）什么是分布式 IO 模块？什么情况下选用分布式 IO 模块？

2）西门子分布式 IO 模块有哪些类型？搭建一个 ET200 系统包括哪些模块？

3）如何实现 S7-1200 PLC 与 ET200SP 的 Profinet IO 通信？进行实践操作，并写出主要步骤。

分布式 IO 模块

4）在 Portal 中进行 ET200 组态，添加通信模块、信号模块时会发现模块尾端有 BA、ST、HF 等字符，什么含义？

5）分布式 IO 模块 ET200 系统中可以进行程序设计吗？

4. PLC 和 HMI 的选型

根据任务要求，系统需要使用分布式 IO 模块和 PLC 构成控制系统的核心。根据确定的输入、输出信号，选择西门子 PLC 和分布式 IO 模块 ET200 的型号。

1）PLC 安装在控制柜中，用于接收启动、停止、急停、手动自动切换和复位信号，同时控制系统运行灯、停止指示灯、故障指示灯和蜂鸣器，共需要___个数字量输入，___个数字量输出。根据 PLC 选型原则，确定 PLC 型号为_____，订货号为_____。

2）分布式 IO 模块与分拣仓储系统安装在一起，用于连接设备上传感信号、执行元件动作信号灯，共需要___个数字量输入，___个数字量输出，___个模拟量输入，___个模拟量输出，与 PLC 通信采用 Profinet IO 通信模式。据此，确定分布式 IO 模块型号为_____；通信模块选择为_____；数字量输入模块选择为_____，_____个；数字量输出模块选择为_____，_____个；_____模拟量输出模块选择为_____。

3）触摸屏选择为_____。

5. PLC 控制系统网络架构

1）PLC 需要与 PC 机、分布式 IO 模块、触摸屏通信，尝试使用框图的形式，绘制出系统网络架构接线图，并标注上每个 Profinet 通信的 IP 地址。

2）当 PLC 需要通过 Profinet 与多台设备或模块进行通信时，其本身自带的 1 个或 2 个 Profinet 接口满足不了网络架构的需求，查阅 S7-1200 PLC 通信模块资料，为系统选择一款合适的工业以太网交换机。如果使用普通的交换机是否可以？

S7-1200 通信模块

3）西门子 SCALANCE XB008 工业以太网交换机外形如图 5-1-5 所示，查阅其相关资料，指出其各结构的含义和使用方法。

👍👍👍恭喜你，完成了分拣仓储系统 PLC 型号和分布式 IO 模块的选择，清楚了 PLC 网络架构。接下来进行硬件线路和控制柜设计，以及程序和人机界面设计构思。

图 5-1-5 西门子工业以太网交换机

XB008 交换机

	模块五 网络系统集成	学生：
PLC 高级应用与人机交互	项目一 分拣仓储系统网络集成控制	班级：
	设计决策页	日期：

1.3 设计决策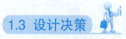

1. IO 地址分配和 PLC 电气原理图设计

1）根据 IO 设备分析和 PLC、ET200 模块，完成 IO 分配表 5-1-3 的填写，同时为输入、输出信号定义 PLC 编程中要使用的名字。

表 5-1-3　PLC IO 分配表

输入端口					输出端口				
序号	地址	元件名	符号	变量名	序号	地址	元件名	符号	变量名

2）使用 AutoCAD 或者 EPLAN，根据电气制图规范，并结合选择的 ET200 接线图，绘制电气原理图。根据系统工艺流程，将电气原理图分为控制柜单元（总体架构）、货物分拣系统、机械手、平面仓储系统四部分，每个电气工程师负责分工部分电气原理图的绘制。设计完毕，扫描二维码查阅参考电气原理图，进行对比，找出异同，小组讨论电气原理图设计的正确性。

ET200SP 接线图

参考电气原理图

2. 电气元件明细表的确定

使用 Excel 按照下列格式设计电气元件明细表，并查阅资料，完成表 5-1-4 中电气元件的选型和价格的咨询。

表 5-1-4　电气元件明细表

序号	元件名称	规格型号	符号	单位	数量	单价	小计	备注
				合计				

3. 电控柜设计

根据电气原理图和电气元件规格型号，使用 AutoCAD 软件绘制电气配盘布局图和设计电控柜，具体过程请扫描二维码查阅。

4. 人机界面构思

根据控制要求，各电气工程师打印空白工作页，根据各自分工进行人机界面画面设计。整个人机界面至少包括四个部分，主画面、货物分拣画面、机械手搬运画面和平面仓储画面。主画面设计上有启动按钮、停止按钮、运行指示灯、停止指示灯、各种物料分拣和入库完成次数显示等。货物分拣画面分成四个部分，推料、输送和分拣。机械手搬运画面、平面仓储画面可参照前面模块相关内容进行设计。

根据人机界面构思，确定需要和 PLC 之间进行关联的变量，完成表 5-1-5 的填写。

控制柜设计

空白工作页

表 5-1-5 触摸屏和 PLC 之间关联的变量表

触摸屏中变量			PLC 中变量		
序号	变量名	变量类型	变量名	变量地址	变量类型

5. PLC 程序设计构思

分拣仓储系统包括了推料、分拣、搬运、输送、入库等工艺流程。PLC 程序编写采用模块化设计思路，将整个程序分成 Main 程序（OB1）、DB 块、推料装置 FC1、输送 FC2、分拣和库位选择 FC3、机械手搬运 FC4、平面仓储 FC5 等几个部分。Main 程序属于典型的顺序控制程序，请绘制其顺序控制功能图。

程序设计思路介绍

每一部分采用不同的方法进行程序设计，然后通过 Main 程序进行调用。各部分程序设计在前面相关模块中已介绍，这里不再赘述。

👍👍👍恭喜你，完成了分拣仓储系统装置设计规划决策。接下来进入项目实施，完成分拣仓储系统的整体运行与调试。

PLC 高级应用与人机交互	模块五　网络系统集成 项目一　分拣仓储系统网络集成控制 项目实施页	学生： 班级： 日期：

1.4 项目实施

1. 物料和工具领取

根据电气元件明细表 5-1-6 领取物料，同时选择适当的电工安装工具。

表 5-1-6　物料领取表

序号	工具或材料名称	规格型号	数量	备注

2. 电气接线

因是对分拣仓储系统进行 PLC 控制升级改造，根据电气原理图，电气接线包括三部分工作：原有控制线路、PLC 的拆除；分布式 IO 模块的安装和接线；控制柜的安装和接线。具体过程不做详细描述。

3. 硬件接线检查

硬件安装完毕，电气安装员扫描二维码下载接线检查表进行自检，确保接线正确、安全。

接线检查表

4. 程序编写

根据程序设计思路，编写程序主要步骤如下。

（1）新建工程项目并进行 PLC 和触摸屏硬件组态

打开 Protal 软件，新建工程项目，根据 PLC 和触摸屏型号，添加 PLC、触摸屏，进行网络组态，IP 地址可以默认，也可更改为前面 PLC 网络系统构建中设定的 IP。

（2）组态分布式 IO 模块

扫描二维码查阅分布式 IO 模块硬件组态过程，在网络视图中添加 ET200SP，并进行网络组态，其包含一个通信模块 IM 155-6 PN HF、3 个数字量输入模块 DI 8×24 V、2 个数字量输出模块 DQ 8×24 VDC、1 个模拟量输出模块 AQ2×U。添加完成，可以双击打开输入、输出模块，切换到设备视图，在巡视窗口中 "常规" / "输入" 或 "输出" / "I/O 地址" 中，根据 I/O 分配表定义，按照图 5-1-6 所示步骤，完成模块地址的更改。

分布式 IO 模块组态

（3）添加 PLC 变量表

为了便于区分，根据 I/O 分配表，可以添加两个新变量表，一个用于定义 PLC CPU 上对应的 IO 点，另一个用于定义 ET200 模块上对应的 IO 点。

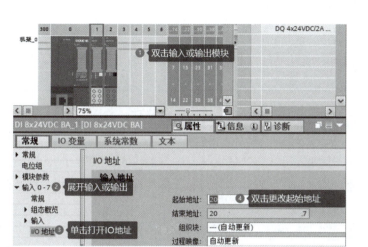

图 5-1-6　更改 ET200 输入、输出地址的方法和步骤

（4）定义 DB 块

定义添加 DB 块，用于与触摸屏之间建立变量关联、定义步进控制相关参数等。

（5）定义 FC 块和编写程序

根据分拣仓储系统的工艺流程和程序设计思路，为每个工位定义一个 FC 块，然后进行各部分程序的编写，注意各块之间接口参数的关联。在进行 VF0 变频调速模拟量控制时，需要进行模拟量输出程序的编写，请扫描二维码学习相关方法。

最后根据整个系统运行过程，设计 Main 程序，采用顺序控制设计法，调用各工位 FC 块。程序设计过程的详细解释扫描二维码查阅。

5. 人机界面设计

根据人机界面设计思路，完成总画面和分画面的设计、变量定义、动画设计、各画面之间的管理，画面之间的切换方法和整个画面设计过程可扫描二维码观看视频。画面之间切换方法请查阅 Portal 软件帮助文件。

6. 仿真和联机调试

程序设计过程中难免有疏漏之处，使用仿真软件，通过监控表、强制表等进行程序仿真调试，排除程序设计中的错误，然后下载联机调试。请将调试过程中出现的问题和解决去措施下来记录。

出现问题：　　　　　　　　　　　　解决措施：

7. 技术文档整理

按照项目需求，整理出相关技术文档，包括控制工艺要求、I/O 分配表、电气原理图、电气元件明细表、控制柜、程序、人机界面、操作说明、常见故障排除方法等。

👏👏👏恭喜你，完成了分拣仓储系统整体编程调试，将之前模块学到的知识和技能加以综合运用，同时学会了模拟量控制、分布式 IO 模块使用、IO 通信等相关新知识和技能，PLC 与 HMI 综合应用能力和项目开发经验也得到了进一步提升。

模拟量程序设计

分拣仓储系统程序

分拣仓储画面

PLC 高级应用与人机交互	模块五 网络系统集成 项目一 分拣仓储系统网络集成控制 检查评价页	学生： 班级： 日期：

检查评价表

1.5 检查评价

1. 自查、互查和展示

根据之前完成的项目，下载相关评价表，进行自查、互查和展示评价。请扫描二维码下载相关表格。

2. 项目复盘

（1）重点、难点问题检查

1）松下 VF0 变频器模拟量调速参数包括哪些？写出程序设计思路。

2）什么是模拟量？如何实现模拟量的 AD、DA 转换？

3）PLC 或分布式 IO 模块模拟量输入、输出的设置步骤是什么？使用什么变量表示输入、输出模拟量？

4）进行模拟量输出程序设计包括两种方法：一种是使用"转换操作"指令中"缩放" SCALE_X 缩放 和"标准化" NORM_X 标准化 指令，另一种是用"数学函数"指令中"计算" CALCULATE 计算，说明这三个指令的使用方法。

5）西门子分布式 IO 模块的主要构成包括哪些？写出 Profinet IO 通信硬件组态的主要步骤。

（2）闯关自查

分拣仓储系统网络集成控制项目相关知识点、技能点梳理如图 5-1-7 所示，请对照检查，你是否掌握了相关内容。

（3）总结归纳

通过分拣仓储系统网络集成控制设计和实施的学习，对所学、所获归纳总结。

（4）存在问题/解决方案/优化可行性

该项目综合性强，涉及 PLC 相关知识和技能多，任务分析、项目设计及实施过程中发现有哪些问题？是如何解决的？有无可行性优化方案？请进行总结，写在下面。

（5）激励措施

团队合作是指通过团队成员共同努力、合作完成某项事情，这将成为步入职场工作常用的工作模式。在进行分拣仓储系统设计与实施过程中，订立什么样的激励政策才能激发出团队的向心力和合力，高效地完成项目攻关？请写在下面。

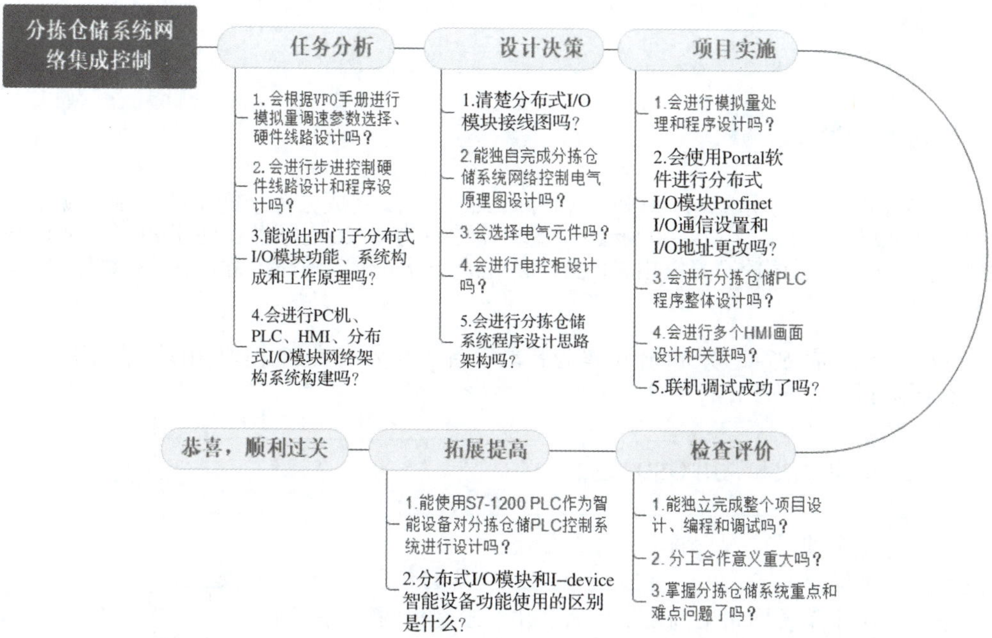

分拣仓储系统网络集成控制

任务分析
1. 会根据VFD手册进行模拟量调速参数选择、硬件线路设计吗？
2. 会进行步进控制硬件线路设计和程序设计吗？
3. 能说出西门子分布式I/O模块功能、系统构成和工作原理吗？
4. 会进行PC机、PLC、HMI、分布式I/O模块网络架构系统构建吗？

设计决策
1. 清楚分布式I/O模块接线图吗？
2. 能独自完成分拣仓储系统网络控制电气原理图设计吗？
3. 会选择电气元件吗？
4. 会进行电控柜设计吗？
5. 会进行分拣仓储系统程序设计思路架构吗？

项目实施
1. 会进行模拟量处理和程序设计吗？
2. 会使用Portal软件进行分布式I/O模块Profinet I/O通信设置和I/O地址更改吗？
3. 会进行分拣仓储PLC程序整体设计吗？
4. 会进行多个HMI画面设计和关联吗？
5. 联机调试成功了吗？

恭喜，顺利过关

拓展提高
1. 能使用S7-1200 PLC作为智能设备对分拣仓储PLC控制系统进行设计吗？
2. 分布式I/O模块和I-device智能设备功能使用的区别是什么？

检查评价
1. 能独立完成整个项目设计、编程和调试吗？
2. 分工合作意义重大吗？
3. 掌握分拣仓储系统重点和难点问题了吗？

图 5-1-7　评估检查图

👍👍👍恭喜你，完成了分拣仓储系统装置步进控制的所有内容，接下来进入巩固拓展环节。

PLC 高级应用与人机交互	模块五 网络系统集成 项目一 分拣仓储系统网络集成控制 拓展页	学生： 班级： 日期：

1.6 拓展提高

恭喜你学会了使用 S7-1200 PLC 和分布式 IO 模块完成分拣仓储系统控制。现在需要将分布式 IO 模块替换为 S7-200 Smart，变频器更改为 G120 变频器，使用 PLC 智能设备和变频调速 Profinet 通信控制完成相关任务。请完成任务分析、硬件线路图设计和程序设计。

1. 任务分析

1）如何将 S7-200 Smart 设置为智能设备？与分布式 IO 模块相比，在使用方法上有什么区别？

2）如何生成和调用 GSD 文件？

3）整个项目输入、输出有什么变化？

4）整个系统网络架构发生什么变化？绘制出网络架构图。

5）如果你不会使用 S7-200 Smart 进行程序设计，可以将所有程序编写在主站 S7-1200 PLC 中吗？

6）如果将步进系统更改为伺服系统，接线、控制是否更方便、快捷？你喜欢基于以太网的系统集成控制吗？说明理由。

2. 电气原理图设计

在本模块项目一电气原理图的基础上进行修改，完成拓展项目电气原理图的绘制。

拓展项目
详解

3. 程序设计

采用模块化设计思路，在 S7-1200 PLC 中完成程序设计。

4. 小结

通过拓展项目，你有什么新的发现和收获？写在下面。

恭喜你，举一反三，掌握了拓展项目设计、编程的思路。S7-1200 PLC 通过 Profinet 可以和分布式 IO 模块、智能设备、变频器、伺服驱动器等进行网络通信，大大简化了硬件布线、调试时间，使大型工业控制项目实施起来更简洁、高效。

1.7 知识链接

一、网络通信基础

随着全球工业加速向网络化、数字化、智能化发展，工业互联网成为推动制造业高质量发展的新引擎，相当多的企业大量使用可编程设备，如工业控制计算机、可编程序控制器、变频器、伺服驱动器、工业机器人、机器视觉等。利用通信技术，可以把不同厂家生产的设备连接起来，相互交互数据，实现分散控制集中管理。通信是指在计算机与计算机之间或计算机与终端设备之间进行信息传递的方式。

1. 通信方式

按照数据通信方式的不同，可以按不同的标准进行分类。

（1）并行通信和串行通信方式

并行通信，一般以字节或字为单位进行通信，一次传输一个字节或字。硬件上，是将一个数据的每一个二进制位均采用单独的导线进行传输，发送与接收方进行并行连接，如图 5-1-8 所示。除了控制线以外，最少还要用 9 根（8 位数据线和 1 个地线）或 17 根（16 位数据线和 1 个地线）线传输数据。其特点是传输速度快，但硬件成本高，通信距离有限，一般用在近距离通信，如打印机等。

串行通信，以位为单位进行通信，一次传输一位。通过一对连接导线，将发送与接收方进行连接，传输数据的每一个二进制位，按规定的顺序，在同一连接导线上，依次进行发送与接收，如图 5-1-9 所示。其特点是用两根线即可通信，传输的距离远，但是通信传输速度比较慢。PLC 通常采用串行通信方式。

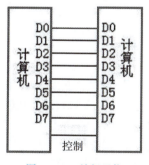

图 5-1-8　并行通信

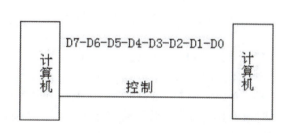

图 5-1-9　串行通信

（2）全双工和半双工通信方式

全双工通信是指在通信时可以同时进行收发数据。如图 5-1-10 所示半双工通信是指在通信时不能够同时收发数据，同一时刻要么发数据，要么收数据，如图 5-1-11 所示。

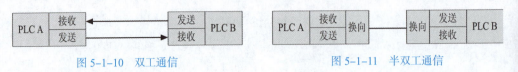

图 5-1-10 双工通信   图 5-1-11 半双工通信

2. 传输介质

网络传输介质是网络中传输数据、连接各网络站点的实体。在分散控制系统中普遍使用的传输介质有双绞线、同轴电缆、光纤等。网络信息还可以利用无线电、红外线、微波等进行传送，在 PLC 网络中应用很少。在使用的传输介质中双绞线（带屏蔽）成本较低、安装简单；而光纤尺寸小、重量轻、传输距离远，但成本高、安装维修难。关于网络传输介质详情请扫描二维码查看。

网络传输介质

3. 网络拓扑结构

网络拓扑结构是指网络中的通信线路和节点间的几何连接结构，表示网络的整体结构外貌。网络中通过传输线连接的点称为节点或站点。拓扑结构反映了各个站点间的结构关系，对整个网络的设计、功能、可靠性和成本都有影响。常见有星形网络、环形网络、总线形网络三种拓扑结构形式，详情请扫描二维码查看。

网络拓扑结构

4. 网络协议

PLC 网络是由各种数字设备（包括 PLC、计算机等）和终端设备等通过通信线路连接起来的复合系统。在这个系统中，由于数字设备型号、通信线路类型、连接方式、同步方式和通信方式等的不同，给网络各节点间的通信带来了不便；甚至影响到 PLC 网络的正常运行，因此在网络系统中，为确保数据通信双方能正确而自动地进行通信，应针对通信过程中的各种问题制订一整套的约定，这就是网络系统的通信协议，又称网络通信规程。通信协议就是一组约定的集合，是一套语义和语法规则，用来规定有关功能部件在通信过程中的操作。通常通信协议必备的两种功能是通信和信息传输，包括了识别和同步、错误检测和修正等。

为使得通信能够通用化、接入方便，在国际上对通信硬件接口和软件接口进行了规定，硬件接口的标准有 RS232、RS485 等，软件协议有 TCP/IP 协议、Modbus 协议、Profibus 等，通信协议详情请自行查阅相关文献。

二、S7-1200PLC 以太网通信概述

PLC 的通信可划分为两类，一是 PLC 与计算机或通用通信接口（如 RS232、RS485 等）外部设备之间的通信；二是 PLC 与远程 IO、PLC 之间的通信等。S7-1200 PLC 本体上集成了一个或两个 Profinet 通信口，支持以太网及基于 TCP/IP 和 UDP 的通信协议，分为非实时通信和实时通信两类通信服务。非实时通信包括 PG 通信、HMI 通信、S7 通信、OUC 通信和 MODBUS TCP 通信，详情请扫描二维码查看；实时通信主要用于 Profinet IO Device 通信。同时，S7-1200 PLC 支持串口通信，但需要扩展串口通信模块，串口通信模块有 3 种型号，分别为 CM1241 RS232、CM1241 RS485 和 M1241 RS422/485，详情请扫描二维码查看。

S7-1200 PLC CPU 的 Profinet 物理接口支持 10/100 Mb/s 的 RJ45 口，支持电缆交叉自适应，因此一个标准的或是交叉的以太网线都可以用于这个接口。使用这个通信口可以

以太网通信类型

S7-1200 通信模块

实现 S7-1200 PLC CPU 与编程设备通信、与 HMI 触摸屏通信以及与其他 S7 系列 PLC 的 CPU 之间的通信。S7-1200 PLC CPU 的 Profinet 通信口主要支持以下通信协议及服务 TCP（传输控制协议）、ISO on TCP、UDP（用户数据报协议）、Profinet IO、S7 通信、HMI 通信、Web 通信。

1. Profinet 概述

Profinet 是用于工业自动化领域、由 Profibus（Process Field Bus）国际组织（PROFIBUS international,PI）推出的一种基于工业以太网的开放式以太网现场总线标准（IEC61158 中的类型 10）。Profinet 通过工业以太网，可以连接从现场层到管理层的设备，实现从公司管理层到现场层的直接、透明的访问。它融合了自动化领域和 IT 领域，可用于对实时性要求更高的自动化解决方案。

Profinet 使用以太网和 TCP/UDP/IP 作为通信基础。TCP/UDP/IP 是 IT 领域通信协议标准，提供了以太网设备通过本地和分布式网络的透明通道中进行数据交换的基础。对快速性没有严格要求的数据使用 TCP/IP，响应时间在 100 ms 数量级，可以满足工厂控制级的应用。Profinet 能同时用一条工业以太网电缆满足三个自动化领域的需求，包括 IT 集成化领域、实时（Real-Time，简称为 RT）自动化领域和同步实时（Isochronous Real-Time，简称为 IRT）运动控制领域，它们不会相互影响。

Profinet 的实时（RT）通信功能适用于对信号传输时间有严格要求的场合，例如用于传感器和执行器的数据传输。通过 Profinet，分布式现场设备可以直接连接到工业以太网，与 PLC 等设备进行通信，其响应时间与 Profibus-DP 等现场总线相同或者更短，典型的更新循环时间为 1~10 ms，完全能满足现场级的要求。Profinet 的实时性可以用标准组件来实现。

Profinet 的同步实时（IRT）功能用于高性能的同步运动控制。IRT 提供了等时执行周期，以确保信息始终以相等的时间间隔进行传输。IRT 的响应时间为 0.25~1 ms，波动小于 1 us。IRT 通信需要特殊的交换机，例加 SCALANCE X-200 IRT 的支持，等时同步数据传输的实现是基于硬件的更完善的功能。

1）Profinet 用于自动化的开放式工业以太网标准。
2）Profinet 基于工业以太网。
3）Profinet 采用 TCP/IP 和 IT 标准。
4）Profinet 是一种实时以太网。
5）Profinet 实现现场总线系统的无缝集成。

通过 Profinet，分布式现场设备（如现场 IO 设备，例如信号模板）可直接连接到工业以太网，与 PLC 等设备通信，并且可以达到与现场总线相同或更优越的响应时间，其典型的响应时间在 10 ms 的数量级，完全满足现场级的使用。

2. S7-1200 PLC 基于 Profinet 通信的物理网络连接

S7-1200 PLC 的 CPU 使用 Profinet 接口通信的网络连接方法有直接连接和网络连接。

（1）直接连接通信

当一个 S7-1200 PLC CPU 与一个编程设备，或是 HMI 或是另一个 PLC 通信时，也就是说只有两个通信设备时，实现的是直接通信。直接连接不需要使用交换机，用网线直接连接两个设备即可。如图 5-1-12 所示网线有 8 芯和 4 芯的两种双绞线，双绞线的电缆连接方式也有两种，即正线（标准 568 B）和反线（标准 568A），其中正线也称为直通线，

模块五　网络集成和虚拟调试　▪　237

反线也称为交叉线。正线接线从下至上线的线序是：白橙、橙、白绿、蓝、白蓝、绿、白棕、棕。反线接线的一端为正线的线序，另一端从下至上线的线序是：白绿、绿、白橙、蓝、白蓝、橙、白棕、棕。关于 8 芯和 4 芯双绞线的具体接法请参考相关文献。

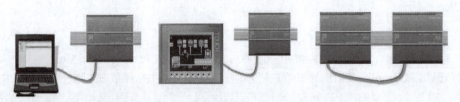

图 5-1-12 直接连接

（2）网络连接通信

当多个通信设备进行通信，也就是说通信设备为两个以上时，采用以太网交换机进行的网络通信连接如图 5-1-13 所示，可以使用导轨安装的西门子 CSM1277 的 4 口交换机连接其他 CPU、HMI 设备、编程设备或非西门子设备。CSM1277 交换机是即插即用的，使用前不需要做任何设置。

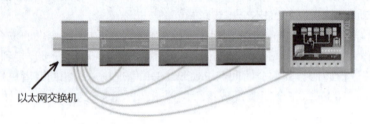

图 5-1-13 网络连接通信

三、S7-1200 PLC IO 通信

在 Profinet IO 通信系统中，根据组建功能不同分 IO 控制器和 IO 设备（IO-Device）两部分。IO 控制器，对连接的 IO 设备进行寻址，与现场设备交换输入和输出信号。IO 设备指分配给一个或多个 IO 控制器的分布式现场设备，例如远程 IO（西门子 ET200 模块等）、阀岛、变频器和伺服驱动器等。S7-1200 PLC 作为 Profinet IO 控制器，最多可以扩展 16 个 Profinet IO 设备、256 个子模块。

使用 S7-1200 PLC 与 IO-Device 构建 Profinet IO 系统有以下优点：

1）Profinet IO 接口为 CPU 提供确定的 Profinet IO 系统，支持 RT（实时通信）。
2）使用 GSD 文件允许通过标注化接口连接到标准 IO 控制器。
3）轻松连接 IO 设备，无须附加的软件工具。
4）实现 SIMATIC CPU 和标准的 IO 控制器之间的实时通信。
5）将计算功耗分发到多个 CPU 中，可降低单个 CPU 和 IO 控制器所需的计算功耗。
6）通过在本地处理过程数据，降低通信负载。
7）处理单个 CPU 或项目中的子任务更加清晰。

下面介绍西门子分布式 IO 模块、PLC 作为 IO-Device 的使用和通信方法。

1. S7-1200 PLC 与西门子分布式 IO 模块的通信

PLC 本地 I/O 扩展能力有限,在工业控制中,往往无法满足对大量设备和电气元件进行控制的 I/O 需求。在实际项目中,当本地 PLC I/O 数量不足并且必须远距离传输信号而布线成本又过高时,通常使用分布式 IO 模块。西门子 ET200 系列分布式 IO 模块具有很好的扩展性,可通过 PROFIBUS 或 Profinet 与西门子 PLC 进行通信,用户可以根据实际需求进行灵活配置。现使用西门子分布式 IO-ET200SP IM 155-6 PN HF V3.3 通信,完成 S7-1200 PLC 与 IM 155-6 PN HF 的数据通信任务:

1) S7-1200 PLC 读取 IM 155-6 PN HF 数字量输入点数据;
2) S7-1200 PLC 向 IM 155-6 PN HF 输出点传送数据。

(1) SIMATIC ET200SP 简介

ET200SP 是西门子最新推出的一款分布式 IO,使用 Profinet 方式进行通信,配置简单灵活,易于用户使用。一个典型的 ET 200SP 分布式 IO 系统包括接口模块、信号模块以及相应的基座构成,如图 5-1-14 所示。接口模块(IM,Interface Module)用于将 ET 200SP 连接到网络,实现主/从站之间数据交换,分为基础版(BA)、标准版(ST)和高级版(HF),接口模块 IM155-6PN ST 与 IM155-6 DP HF 可支持最多 32 个模块;IM155-6PN HF 支持最多 64 个模块。信号模块包括数字量输入、输出模块,模拟量输入、输出模块等,支持带电插拔、模块空缺运型等。基座(BaseUnit)是构成 ET 200SP 分布式 IO 不可或缺的一部分,为 ET 200SP 模块提供电气和机械连接,所有的信号模板必须安装在相应的 BaseUint 上,它一方面将现场的电气信号接入到 ET 200SP 系统,同时还起到将电源电压馈入等其他用途。关于 ET200SP 的详情扫描二维码查看。

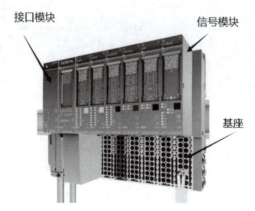

图 5-1-14 ET 200SP 系统构成

ET-200SP

(2) SIMATIC ET200SP 通信和编程

使用 S7-1200 PLC 作为控制器连接两个 ET200SP,一个 ET200SP 安装在甲工位,用于控制分拣工位的系统运行和停止;另一个安装在乙工位,用于测量现场的压力,根据压力大小控制调节阀门的大小。具体实施步骤如下。

1) 硬件组态。

新建一个项目,添加 CPU 1214C DC/DC/DC,采用默认 Profinet IP 设置即可。

添加 ET200SP 通信接口。打开网络视图,在硬件目录中展开"分布式 I/O"→ET200SP"→"Interface Module 接口模块"→"Profinet"→"IM 155-6 PNIM155-6PN HF"→"6ES7155-6AU00-0CN0"拖放至网络视图中,自动生成一个名为 IO device_1 的

设备。采用同样的方法，添加另一个 IM 155-6 PNIM155-6PN HF 模块，生成一个名为 IO device_2 的设备。

添加 ET200SP 信号模块。双击打开 IO device_1，进入设备视图，在硬件目录中展开 DI 模块，在 1 号槽、2 号槽中添加数字量输入模块 DI 8×24 V DC 和数字量输出模块 DQ；同样的方法，为 IO device_2 的设备添加一个模拟量电压输入模块 AI2×U、一个模拟量电压输出模块 AQ2×U，具体操作可扫描二维码查看。

ET200SP 组态

2）通信连接的组态。

在网络视图里，将 PLC 的 PN 接口（绿色）拖放至 IO device_1 的 PN 接口，自动生成一个名称为"PLC_1.PROFINET IO-System"的 IO 系统，IO device_1 模块上原来的"未分配"变成了分配给控制器。用同样的方法建立 IO device_2 的 PN 接口，如图 5-1-15 所示这三个设备就通过 IO 系统连接起来了。

如图 5-1-15 单击③所在位置"显示地址按钮"，网络视图中可显示 3 个设备 IP 地址。双击每个设备 PN 口，通过巡视窗口即可更改相应 IP，注意必须设置在同一网段。

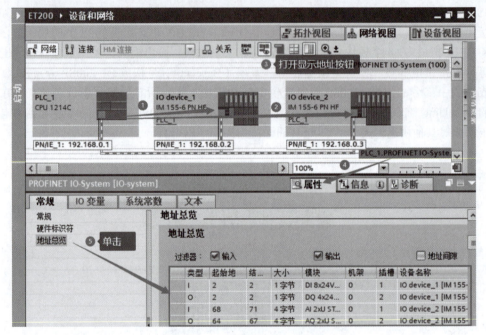

图 5-1-15　IO 设备通信连接组态

单击选中"PLC_1.PROFINET IO-System"，在巡视窗口中单击"属性"→"常规"→"地址总览"，可以看到两个 IO-Device 分配的 I/O 地址。

3）编写项目程序。

IO 设备的地址直接映射到 PLC（IO 控制器）的 I 区和 Q 区，同 PLC 本地 IO 相同 IO 设备的 I/O 地址可以直接在程序中调用，程序编写如图 5-1-16 所示。

通过案例操作会发现，使用远程 IO 的关键是进行硬件组态，组态完成，便可使用 PLC 本地 I/O 进行程序编写和调试。

2. S7-1200 PLC 作为 IO-Device（智能设备）的通信

除了经常分式 IO 模块进行远程通信外，实际工程项目中也经常需要进行两个 CPU

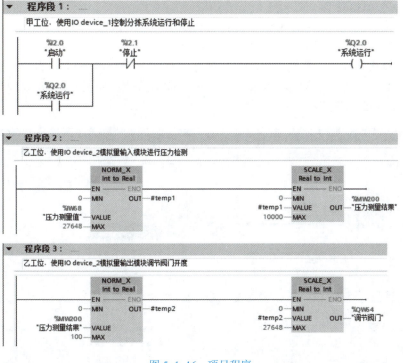

图 5-1-16 项目程序

之间的通信,很多电气工程师使用 S7 通信或 TCP 通信(下个项目详细介绍),但是这两种通信方式时效性比较差。使用 IO-Device 通信方式进行两个 PLC 之间的通信,稳定性和时效性都很好。

(1) IO-Device 含义

西门子 CPU 的智能设备功能(智能 IO 设备)允许与 IO 控制器(PLC)交换数据,CPU 用作后续过程的智能预处理器,链接到"较高级别"的 IO 控制器上,如图 5-1-17 所示。在中央或分布式(Profinet IO 或 PROFIBUS DP)IO 中,采集的过程值由 CPU 中的用户程序进行预处理,通过 Profinet IO 设备接口提供给上一级工作站的 CPU。

将带智能设备功能的 CPU 简称为智能设备,即 IO-Device。

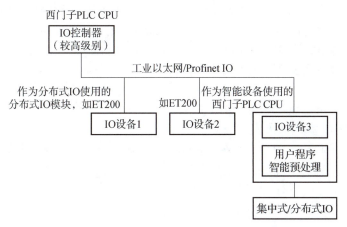

图 5-1-17 分布式 IO 和 IO-Device(智能设备)网络架构

（2）组态智能设备

新建一个项目，添加两个 CPU 1214C DC/DC/DC，默认名字为 PLC_1、PLC_2，将两个 PLC 的 PN 口连接，使用默认 Profinet IP 设置即可。

设置智能设备功能。在网络视图中，双击"PLC_2"，在巡视窗口打开"属性"→"常规"→"Profinet 接口"，勾选"操作模式"中"IO 设备"，如图 5-1-18 所示，即将 PLC 设置为 IO-Device 智能设备。

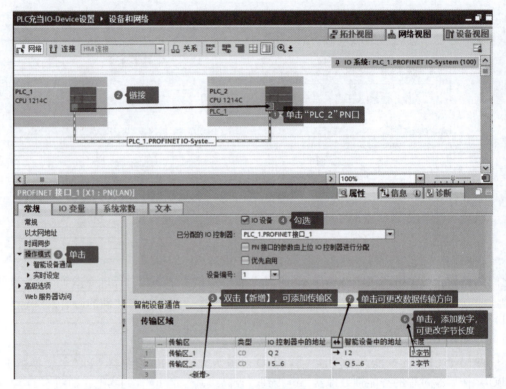

图 5-1-18　IO-Device（智能设备）组态过程

1）在网络视图里，将 PLC_1 的 PN 接口拖放至 PLC_2 的 PN 接口，自动生成一个名称为"PLC_1.Profinet IO-System（100）"的 IO 系统，同时为 PLC_2 分配了控制器。

2）组态传输区，即在智能设备与上位 IO 控制器进行数据交换所使用的 I/O 区域。此传送区位于"智能设备通信"（I device communication）中。如图 5-1-18 中⑤→⑥→⑦所示操作，在"传输区域"中，为 PLC_1（IO 控制器）、PLC_2（智能设备）之间配置数据通信的区域、地址以及长度；也可展开"智能设备通信"，如图 5-1-19 所示，进行传输区数据设置。

至此，完成在组态项目中的智能设备。

（3）将智能设备导出为 GSD 文件

如果在其他项目或工程组态系统中使用智能设备，则需将该智能设备导出为 GSD 文件。该 GSD 文件中包含智能设备描述信息和相关传输区数据，随后再导入新项目中使用即可。将智能设备导出为 GSD 的基本步骤如下。

1）在网络视图或设备视图中，双击智能设备 PN 接口。

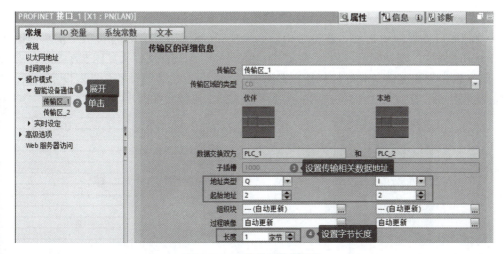

图 5-1-19 传输区数据组态

2)在巡视窗口打开"属性"→"常规"→"Profinet 接口"→"智能设备通信",选择传输区下面"导出"命令,将智能设备导出为 GSD 文件对话框并随即打开,如图 5-1-20 所示。导出前,必须编译硬件配置,否则"导出"命令为灰色。

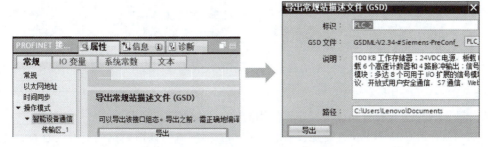

图 5-1-20 导出 GSD 文件

3)可指定典型智能设备的名称和说明,并更改 GSD 文件的存储路径,单击"导出"命令,将智能设备导出为一个 GSD 文件。

关于 GSD 文件内容及在另一个项目中的调用方法,请扫描二维码查看。

(2)S7-200 SMART 作为智能设备的通信

SIMATIC S7-200 SMART 是西门子为中国客户量身定制的一款高性价比的小型 PLC,近几年在很多小型自动化系统中得到了广泛应用。自 S7-200 SMART V2.5 版本开始,支持做 Profinet IO 通信的智能设备,可以和另外一个 S7-200 SMART/1200/1500 等控制器或其他支持做 Profinet IO 控制器的设备进行 Profinet IO 通信。

下面以 S7-1200 PLC 作为 IO 控制器、S7-200 SMART 作为智能设备为例,说明将 S7-200 SMART 配置成智能设备的 Profinet IO 通信的配置步骤。

1)将 S7-200 SMART 组态为智能设备,生成 GSD 文件。

S7-200 SMART 组态为智能设备和生产 GSD 文件的基本过程与 S7-1200 PLC 组态为智能设备的过程类似,不过其需要在 STEP 7-MicroWIN SMART 编程环境中进行,详请扫描二维码查看,导出 GSD 文件,如图 5-1-21 所示。注意 S7-200 SMART CPU 固件配置至少为 V2.5。

2）S7-1200 PLC IO 控制器组态。

将智能设备添加到 PLC 控制器中的基本过程和伺服驱动器的添加类似，基本步骤是：打开 Portal 软件，创建项目，添加 S7-1200 PLC →导入 GSD 文件（见图 5-1-22）→添加 Smart PLC →为智能设备分配控制器，即添加以太网→双击智能设备，进入设备视图，在设备概览内可以看到该 IO 设备占用的控制器输入、输出区，如图 5-1-23 所示。

图 5-1-21 导出的 GSD 文件

图 5-1-22 导入 GSD 文件

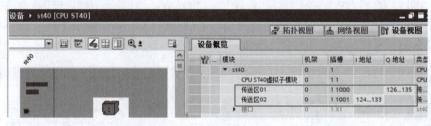

图 5-1-23 智能设备在控制器中对应的输入、输出地址

3）通信测试

分别下载控制器和智能设备程序，使用监控表观察数据交换情况。

S7-1200 PLC 调用 Smart 智能设备、编程和通信测试的详情请扫描二维码查看，并进行操作演练，理解其关键步骤和核心技能。

👍👍👍恭喜你，完成了分拣仓储系统整体设计和相关知识的学习，体会到了网络控制的奥妙和使用方法，这为以后从事大型工业控制奠定了扎实的基础。

| PLC 高级应用与人机交互 | 模块五 网络系统集成
项目二 智能仓储单元系统集成和虚拟调试
任务工单 | 学生：
班级：
日期： |

项目二　智能仓储单元系统集成和虚拟调试

2.1 项目描述

随着制造业转型升级步伐加快，网络化、数字化和智能化成为推动企业转型升级的三大科技动力，驱动传统制造业在打造智能工厂方面实现了重大突破，智能制造生产线在大型工厂中的应用越来越普遍。某单位智能制造生产线如图 5-2-1 所示，由智能仓储单元、机床上下料单元、加工单元、零件检测与打码单元、产品装配单元、成品检测单元、包装单元、AGV 和环形输送线组成。现在要求先对整个控制系统进行整体网络架构设计；再针对智能仓储单元（如图 5-2-2 所示）进行详细设计，并使用 UG NX MCD 功能完成虚拟调试。

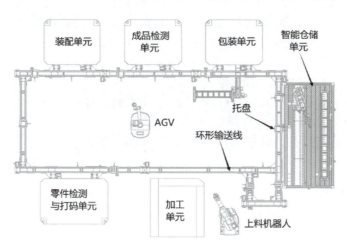

图 5-2-1　某智能制造生产线二维平面布局图

1. 任务要求

整条线使用 1 台 S7-1500 PLC 和 6 台 S7-1200 PLC 控制，S7-1500 PLC 作为上位机主站），配合 1 台触摸屏，控制环形输送线 8 台 G120 变频调速系统和各工序协调控制。台 S7-1200 PLC 作为下位机（从站）和触摸屏实现每个单元的单独控制，即智能仓储、上料和加工单元、零件检测与打码单元、装配单元、成品检测单元、包装单元，每个单元包括服驱动、变频调速、工业机器人或视觉检测等控制，伺服驱动器使用西门子 V90 伺服驱动，变频器采用 G120 变频器。具体完成任务如下。

1）完成整条线主站控制系统总体设计，包括网络架构图、主站 PLC 控制线路设计图、

模块五　网络集成和虚拟调试　■ 245

主站网络组态、主站 PLC 主程序和主站 HMI 画面。

2）完成智能仓储单元机器人水平移动控制，包括 PLC 电气原理图设计及 RFID、机器人、伺服和主站网络组态，使用 Portal 软件和 UG NX MCD 功能完成程序、HMI 画面设计及机器人水平移动仿真和虚拟调试。触摸屏上设置启动、运行、机器人取料或放件完成模拟等按钮，使用指示灯指示机器人抓取完成，并设计画面模拟机器人移动操作。

机器人水平移动工艺过程是：工件移至图 5-2-1 所示托盘位置，RFID 读取托盘信息，如果是取料信号，则机器人回原点→移至图 5-2-2 所示左上角工位取料（机器人程序不用编写）→按下触摸屏上取料模拟完成按钮，机器人移至托盘位置→按下触摸屏放件完成模拟按钮→机器人水平返回至原点，等待下一个 RFID 信号。如果 RFID 读取到的是入库信号，则机器人回原点→移至托盘位置→按下触摸屏上机器人取件完成模拟按钮，机器人移至图 5-2-2 所示右上角入库工位→按下触摸屏上放件完成模拟按钮，机器人返回原点等待下一个 RFID 信号。

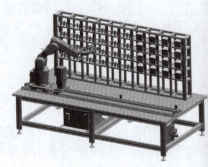

图 5-2-2　智能仓储单元三维立体示意图

2. 学习目标

※ 掌握基于 Profinet 的以太网通信系统架构，会用 Portal 软件进行 S7-1500 PLC、1200 PLC、RFID、工业机器人、伺服驱动器、变频器的网络硬件组态；

※ 巩固伺服控制知识和技能，掌握 RFID 的使用和程序设计；

※ 掌握 PLC 与工业机器人的网络通信方法；

※ 会使用 UG NX MCD 功能进行虚实结合、仿真调试的方法；

※ 学会 PLC 模块化设计思路；

※ 遇到问题沉着冷静，培养善于钻研、不怕困难的精神。

3. 实施路径

智能仓储单元系统集成实施路径如图 5-2-3 所示。

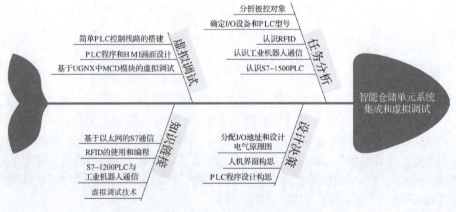

图 5-2-3　智能仓储单元系统集成实施路径

2.2 任务分析

从整体来看，智能制造生产线工艺流程复杂，控制系统实现起来任务重、难度高。但是，工业互联网的引入，使智能制造生产线各单元之间通信连接方便，大型生产线一般采用 PLC 网络集成控制，系统架构如图 5-2-4 所示，使用 S7-1500 PLC 作为上位机，S7-1200 PLC 作为下位机，构成主从站模式，通过工业以太网实现各工位控制系统的互联互通。单个工站控制系统由 S7-1200 PLC、HMI、工业机器人、伺服驱动器、变频调速、RFID 等组成，通过工业路由器进行信息的传递和数据的交换。

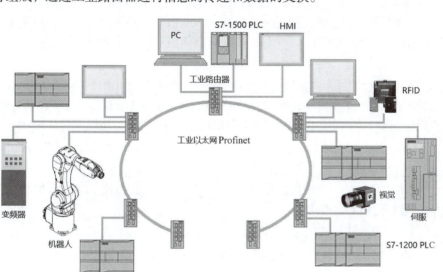

图 5-2-4 大型生产线 PLC 网络集成拓扑图

进行大型工业控制项目时，根据功能不同，将系统划分为若干个具有相对独立功能的单机工站。根据项目大小，构建项目研发团队，分工合作完成不同单站 PLC 控制系统的设计和装调，然后再进行系统集成。工业以太网技术极大地简化了系统集成效率和质量。

1. 被控对象分析

1）分析如图 5-2-1 所示的智能制造生产线，确定其由哪些工作站组成？

2）对照图 5-2-1，分析主站单元 S7-1500 PLC 主要被控对象有哪些？ S7-1500 PLC 主要控制环形输送线，环形输送线由 8 段级联输送单元构成，每个单元由三相异步电动机是供动力，G120 变频器进行变频调速。

3）回顾复习模块三内容，写出对 G120 变频器进行网络控制的基本步骤。

4）如图 5-2-2 所示，智能仓储单元被控对象是什么？

5）智能仓储单元伺服系统采用西门子 V90 伺服系统控制机器人 X 方向运动，回顾复习模块四相关内容，简要描述采用 Sinapos 指令进行 V90 伺服运动控制的过程。

2. I/O 设备和 PLC 型号的确定

1）对照图 5-2-4，绘制出智能制造生产线控制系统网络架构图。

2）主站控制系统输入设备有＿＿＿＿＿＿、输出设备有＿＿＿＿＿＿。环形输送线与每个工作单元的连接处安装有入库接近开关、出库接近开关，共需要＿＿个输入信号、＿＿个输出信号，共＿＿I/O 信号。

3）主站控制系统使用 S7-1500 PLC，1500 PLC 为模块化设计，请扫描二维码查看 1500 PLC 选型手册，为主站控制系统选择 S7-1500 PLC 的相关模块，至少需要 1 个底座、1 个 CPU 模块、1 个输入模块、1 个输出模块。具体型号请写在下面。

S7-1500 PLC 选型手册

4）智能仓储单元与环形输送线接口安装有工件到位接近开关、托盘上和每个仓位上装有 RFID 电子标签，工业机器人手爪上安装有 RFID 设备，工业机器人水平移动机构上左右两侧装有限位开关，左侧限位里安装有原点限位开关。查阅资料，说明什么是 RFID。

RFID 概述

5）智能仓储单元输入设备有＿＿＿＿＿＿、输出设备有＿＿＿＿＿＿。需要＿＿个输入信号、＿＿个输出信号，共＿＿个 I/O 信号，查阅 S7-1200 PLC 选型手册，确定智能仓储单元 PLC 的型号。

6）查阅 S7-1200 PLC 选型手册，选择工业路由器的型号。

3. RFID 认识

1）描述 RFID 的工作原理和系统构成。

2）描述使用 Portal 软件 V16 西门子 S7-1200 PLC 与西门子 RFID 进行硬件组态和网络组态的过程。

3）说明西门子 RF180C 通信模块、阅读器 RF340R/RF310R 的功能和接线方式。

4）进行 RFID 数据读取时，要用到的指令块有 Reset_RF300、Write 和 Read，如图 5-2-5 所示，查阅帮助文件，说明这些指令的功能和各引脚的含义。

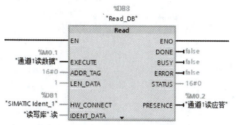

图 5-2-5　RFID 数据读取相关指令

4. 认识工业机器人通信

智能制造时代,"机器换人"成为趋势,智能制造生产线上出现了大量工业机器人,因此,掌握工业机器人和 PLC 之间的通信至关重要。

1)工业机器人与 PLC 之间的通信方式有哪些?

2)查阅资料,描述 ABB 机器人与 S7-1200 PLC 进行 Profinet 通信的三种方式。

3)扫描二维码学习,描述使用 Portal 软件 V16 进行 ABB 机器人与 S7-1200 PLC 网络组态的基本过程。

4)如何获取、安装 ABB 机器人 GSD 文件?

5)对比 S7-1200 PLC 与分布式 IO 模块、其他 PLC、RFID、ABB 机器人、伺服驱动器进行网络组态的过程,比较异同之处。

5. S7-1500 PLC 认识

1)自行查阅资料说明 S7-1500 PLC 与 S7-1200 PLC 的区别。

2)扫描二维码学习,描述 S7-1500 PLC 硬件组态的过程。其与 S7-1200 PLC 硬件组态的基本过程相同吗?

3)扫描二维码学习,描述 S7-1500 PLC 与 S7-1200 PLC 进行网络组态的基本过程。

RFID 数据读取指令

ABB 机器人与 PLC 通信组态

S7-1500 组态过程

1500 与 1200PLC 通信组态

4)什么是 S7 通信?

5)查阅帮助文件,如图 5-2-26 所示,说明 PUT、GET 两个 S7 通信指令的功能和各引脚含义。

PUT 和 GET 指令

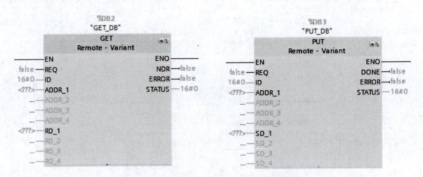

图 5-2-6　S7 通信指令 PUT 和 GET

👍👍👍恭喜你,完成了 RFID、工业机器人、S7-1500 PLC 认识和使用 Portal 软件进行 S7-1200 PLC 与这些设备之间进行通信的网络组态过程和方法。接下来进行项目设计与决策。

2.3 设计决策

1. I/O 地址分配和 PLC 电气原理图设计

1）根据 I/O 设备的分析，完成 I/O 分配表 5-2-1、表 5-2-2 的填写，同时为输入、输出信号定义 PLC 编程中要使用的名字。

表 5-2-1 S7-1500PLC 主站 I/O 分配表

输入端口					输出端口				
序号	地址	元件名	符号	变量名	序号	地址	元件名	符号	变量名

表 5-2-2 智能仓储单元 S7-1200PLC 从站 I/O 分配表

输入端口					输出端口				
序号	地址	元件名	符号	变量名	序号	地址	元件名	符号	变量名

2）使用 AutoCAD 或者 EPLAN，根据电气制图规范，绘制 S7-1500 PLC 系统整体设计原理图、主站 PLC 控制电气原理图和智能仓储单元电气原理图。

2. 人机界面构思

根据控制要求进行人机界面画面设计，包括主站画面、智能仓储单元操作画面。同时进行预先绘制触摸屏中需要定义的变量表，明确哪些变量需要与 PLC 连接。

3. PLC 程序设计思路

根据模块化设计思想，整个智能制造生产线根据工艺过程可分成 7 个单元，每个单站为独立的 PLC 控制项目。S7-1500 PLC 主站实现的是环形输送线控制和各站之间的衔接，环形输送线采用多段变频调速系统控制，过程与模块三相关内容类似。根据项目需求，主要需要完成 S7-1500 PLC 主站的网络组态与智能仓储单元的通信连接。

（1）S7-1500 PLC 主站编程思路

建立 S7-1500 PLC 与智能仓储单元 S7-1200 PLC 的 S7 通信连接，使用 PUT、GET 指令下智能仓储单元发送运行指令，并获取智能仓储单元机器人移动相关信息。

（2）智能仓储单元编程思路

智能仓储单元主要由机器人和伺服电动机两大控制对象组成，物料或工件的抓取和存放全部依靠机器人程序实现。PLC 程序主要实现托盘信息的读取、伺服系统的运动控制及与机器人之间信息的传递，因此智能仓储单元 PLC 程序可分为三部分：RFID 通信与控制、伺服系统通信与控制以及工业机器人通信与控制。RFID、工业机器人的组态、编程方法请查阅本项目 "2.5 知识链接"。

工业机器人 X 轴的运动过程与模块四项目二完成类似，编程思路、实现方法相同，根据前面工艺流程要求，完成顺序功能图的绘制。

👍👍👍恭喜你，进行了智能仓储单元控制系统的设计决策。是否发现工业以太网技术的引入，使 PLC 控制系统的设计、编程变得相对简单、方便快捷了呢？

2.4 虚拟调试

本模块项目二控制对象是大型智能制造生产线中智能仓储单元，很多读者没有相关或类似设备，这里采用一种新的方法——虚拟调试技术，进行智能仓储单元工业机器人水平移动 PLC 程序的编写和调试，具体步骤介绍如下。

1. 简单 PLC 控制线路的搭建

虚拟调试原则上不需要使用真实的 PLC，使用 S7-1200 PLC 进行伺服 V90 控制时，需要进行伺服相关参数的设置，所以离不开硬件环境。在这种情况下，需要简单地进行电源、PLC、伺服和伺服电动机的连接。根据前面设计的电气原理图，使用一块配电盘，完成 PLC 和伺服系统的硬件连接及配电。

2. PLC 程序和 HMI 画面设计

根据顺序功能图，使用前面模块学习的相关内容和技巧完成机器人水平移动程序和 HMI 相关画面的设计，也可扫描二维码下载源程序。

源程序

3. 基于 UG NX 中 MCD 模块的虚拟调试

实施操作请扫描二维码查看，建议根据视频边看、边做。进行智能仓储单元虚拟调试的基本步骤如下。

1）准备工作。安装上 UG NX 程序，至少 12.0 版本以上。安装 Kepserverex6、Net to PLCSim 软件。具体方法请扫描二维码查看。

准备工作

2）扫描二维码下载智能仓储三维简化模型，使用 UG NX 打开。

3）切换到 NX MCD 环境，进行运动模型的创建。

使用 NX MCD 模块相关功能，进行基本机电对象（包括刚体、碰撞体、传输面等）、运动副、传感器、执行器的定义和仿真序列的添加，添加信号和信号连接。

智能仓储
三维模型

4）将步骤 1 搭建的硬件设备与计算机相连，打开 PLC 程序，运行 Kepserverex6 和 Net to PLCSim，进行通信设置。

5）将 MCD 中信号与 PLC 中信号进行连接。

6）运行 Portal 软件、MCD，进行"虚拟模型+实物 PLC"的仿真调试。

虚拟调试视频

运行 Kepserverex6、Net to PLCSim 软件进行 PLC 相关通信参数设置，连接真实 PLC 或不使用真实 PLC，联合 Portal 软件、MCD 进行"虚拟+虚拟"或"虚拟+真实"调试。

👍👍👍恭喜你，完美体验了虚拟调试的过程，希望根据视频的反复训练，掌握其中的技巧，学会进行 PLC 控制系统调试的一种新方法，虚实结合应用会越来越多。

2.5 知识链接

一、基于以太网的 S7 通信

S7-1200 PLC CPU 与其他 S7-300、400、1200、1500CPU 通信可采用多种通信方式。但是最常用、最简单的还是 S7 通信。

1. S7 协议简介

S7 协议是专门为西门子控制产品优化设计的通信协议，它是面向连接的协议，在进行数据交换之前，必须与通信伙伴建立连接。面向连接的协议具有较高的安全性。连接是指两个通信伙伴之间为了执行通信服务建立的逻辑链路，而不是指两个站之间用物理媒体（例如电缆）实现的连接。

S7 连接是需要组态的静态连接，静态连接要占用 CPU 的连接资源。基于连接的通信分为单向连接和双向连接，S7-1200 PLC 仅支持 S7 单向连接。单向连接中的客户机（Client）是向服务器（Server）请求服务的设备，客户机调用 GET/PUT 指令读、写服务器的存储区。服务器是通信中的被动方，用户不用编写服务器的 S7 通信程序，S7 通信是由服务器的操作系统完成的。因为客户机可以读、写服务器的存储区，单向连接实际上可以双向传输数据。V2.0 及以上版本的 S7-1200 PLC CPU 的 Profinet 通信口可以作为 S7 通信的服务器或客户机。

2. 创建 S7 连接

S7 通信案例

现在通过案例介绍两个 PLC 之间的 S7 通信和编程过程。其任务要求是：有两个 PLC，分别命名为主站 PLC1、从站 PLC2，型号假设分别为 CPU 1215C DC/DC/DC 和 CPU 1214C DC/DC/DC，PLC 运行的第 1 个扫码，将主站 PLC1 内的 MD100 赋值为 16#100 发送给 PLC2 内的 MD1000；将从站 PLC2 内的 MD2000 赋值为 16#2002 读取到 PLC1 的 MD200 内。

主要步骤实施如下，如果不清楚每步操作，请扫描二维码查看。

（1）打开 Portal 软件，创建新项目，添加两个 PLC，使用默认地址即可

需要强调的是，PLC、计算机地址需要设置在同一个网段，如果不在同一个网段，则需要设置 PC 机 IP 与 PLC 默认地址网段相同。

（2）设置两个 PLC 的属性，设定两个 PLC 的连接机制和设置时钟脉冲

首先，在网络视图中，单击 PLC1 中，在巡视窗口中"属性"→"常规"→"系统和时钟存储器"中启用"时钟存储器字节"，将 MB0 设置为时钟脉冲，其中 M0.5 为 1 Hz 脉冲。然后，展开"常规"→"防护与安全"→"连接机制"，勾选"允许来自远程对象的 PUT/GET"通信访问，操作步骤如图 5-2-7 所示。同样的方法，在 PLC2 中勾选"允许来自远程对象的 PUT/GET"。

图 5-2-7　设置 PLC 的连接机制

（3）建立两个 PLC 之间的 S7 连接

在网络视图中，按照图 5-2-8 所示①→②→③步骤操作，完成两个 PLC 的 S7 通信连接，选中 S7_连接_1，在巡视窗口中会显示两个 PLC 连接的详细信息，站点名称、接口、接口类型、子网、地址等。单击每个 PLC 的 PN 口，在"属性"→"常规"→"以太网"中可更改 PLC 的 IP。

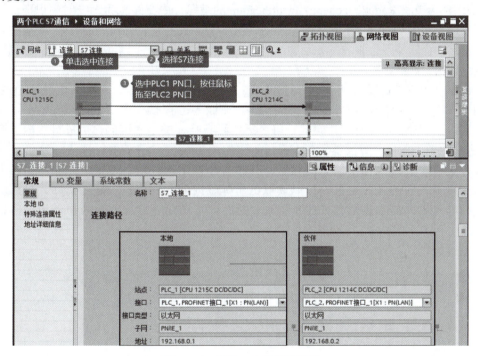

图 5-2-8　设置 PLC 的连接机制

（4）在主站 PLC1 中编写程序

PLC1 中程序编写包括两部分，一是"添加新块"，添加 Startup（OB100），程序中使用 MOVE 指令，主站 PLC1 内 MD100 赋值为 16#1001；二是编写 Main（OB1）程序，程序中调用 S7 通信中 PUT 指令，对其进行组态，将 MD100 发送给 PLC2 的 MD1000；添加 GET 指令，对其进行组态，把 PLC2 的 MD2000 读取到 PLC1 的 MD200 内。PLC1 的 Main（OB1）程序、Startup（OB100）程序，如图 5-2-10 所示。

PLC2 中只需要"添加新块"，添加 Startup（OB100）程序块，使用 MOVE 指令将从站 PLC2 内 MD2000 赋值为 16#2002，方法同图 5-2-9（b）所示。

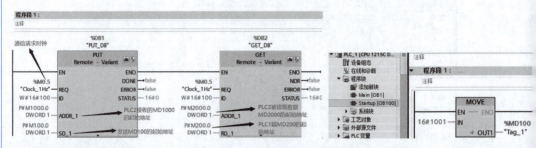

图 5-2-9　PLC1 程序
（a）PLC1 的 Main 程序；（b）PLC1 的 Startup（OB100）程序

特别说明，PLC2 在 S7 通信中作服务器，不用编写调用指令 GET 和 PUT 的程序。

二、RFID 使用与编程

RFID 为英文 Radio Frequency Identification 的缩写，中文意思为无线射频识别，是一种非接触式自动识别技术。随着制造业网络化、自动化程度的提高，RFID 广泛应用到生产、物流、仓储等各个领域，如动物晶片、汽车晶片防盗器、门禁管制、停车场管制、生产线自动化、物料管理等。

最简单的 RFID 系统由电子标签（Tag）、阅读器（Reader）、通信模块和连接电缆组成，如图 5-2-10 所示。核心部件是电子标签，直径不足 2 mm，数据量可高达 296 以上，由耦合元件及芯片组成，每个标签具有唯一的电子编码，可进行数据的读写和擦除，如门禁卡。阅读器（Reader）又称为读出装置、扫描器、读头、通信器、读写器，是读取或写入标签信息的设备，分手持和固定两种，通过相距几厘米到几米距离内阅读器发射的无线电波，可以读取电子标签内储存的信息。通过阅读器与标签之间进行非接触式的数据通信，达到识别目标、向电子标签读取或写入物件相关信息的目的。

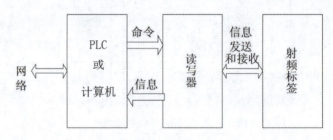

图 5-2-10　RFID 系统构成

下面通过使用西门子 RFID 产品和 S7-1200 PLC 通信来介绍 RFID 的使用和编程。

1. 西门子 RFID 系统硬件搭建

RFID 产品类型很多，选用西门子 RFID 产品，RFID 系统硬件构成如图 5-2-11 所示，包括 S7-1200 PLC、RF180C 通信模块、RF340R 阅读器和 RF340T 电子以及配套电缆，PLC 与 RF180C 之间通过 Profinet 电缆连接，通过 Profinet IO 通信。

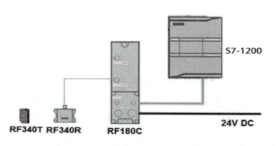

图 5-2-11 西门子 RFID 硬件系统搭建

2. RFID 相关指令

Portal 软件 V16 编程指令"选件包"包含了 S7-1200 PLC 对西门子工业识别系统的相关操作指令,如图 5-2-12 所示,与其他指令的添加方法相同,通过双击、拖拽的方式添加。关于这些指令的详细介绍,可通过 Portal 软件帮助文件或扫描二维码学习,这里不做详细介绍。

3. 硬件组态

扫描二维码查看 RFID 相关视频,进行图 5-2-11 所示硬件系统的搭建,完成后进行硬件组态和编程调试,具体步骤介绍如下,详情可扫描二维码查阅。

1)打开 Portal 软件,创建新项目,添加 1 个 S7-1200 PLC,使用默认地址即可。

2)添加 RF180C 通信模块,设置相关参数。

展开"硬件目录"→"检测和监视"→"Ident 系统"→"SIMATIC 通信模块",将 RF180C 拖入网络视图中,并将 RF180C 与 PLC1 建立网络连接。

在网络视图中,单击 RF180C 模块,在巡视窗口"属性"→"常规"→"模块参数"中,配置模块参数"User mode"为"ident 配置/RFID 标准配置文件",操作步骤如图 5-2-13 所示。

RFID 指令

图 5-2-12 RFID 识别相关指令

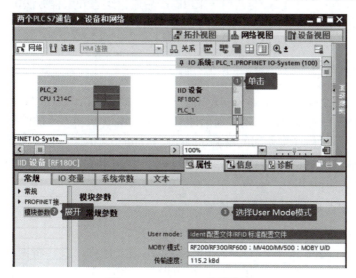

图 5-2-13 RF180C 参数设置

（3）添加 Ident 工艺对象，组态阅读器 RF340R 和电子标签 RF310R 设备

与伺服工艺对象参数定义类似，单击模型树中"工艺对象"→"新增对象"，新增对象窗口，选中"SIMATIC Ident"功能 ，单击 ，名称默认为 SIMATIC Ident_1，单击"确定"按钮完成 SIMATIC Ident_1[DB3] 工艺对象的添加。

单击 SIMATIC Ident_1[DB3] 工艺对象下的"组态"按钮 组态，弹出"组态"对话框，按照图 5-2-14 所示步骤操作，完成 Ident 设备相关协议的添加。

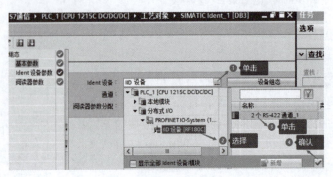

图 5-2-14　Ident 工艺对象参数设置

在"阅读器参数分配"中使用的读写器类型选择"RF300 general"，如图 5-2-15 所示，其他参数默认即可。至此已完成 RFID 相关硬件的添加和参数的组态。

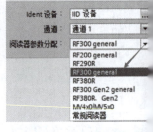

图 5-2-15　阅读器参数设置

4. PLC 程序编写

RFID 程序编写的详细过程请扫描二维码查看，主要步骤如下。

1）创建全局数据块，添加 Ident 相关全局变量。

2）使用 RFID 相关指令，主要是复位指令 Reset_RF300、写入指令 Write 和读取指令 Read 进行程序编写。

3）编译调试。

以上只介绍了西门子 PLC 与西门子 RFID 产品通信组态和编程方法，其他 RFID 产品组态和编程方法，可自行查阅或扫描二维码学习。

RFID 程序

其他 RFID 的使用

三、S7-1200 PLC 与 ABB 机器人之间通信

工业机器人与 PLC 之间的通信传输有"I/O"连接和通信线连接两种，"I/O"连接是最为简单的一种，即实现点对点连接通信即可，通过 ABB 机器人提供的标准 IO 板与外围设备进行通信；而通信连接使用的是 Profibus 或 Profinet 通信即设置 PLC 和机器人处于同一网段实现通信。Profinet 是一种新的基于以太网的通信系统，ABB 机器人与西门子 PLC 通信常采用这种通信方式。

1. ABB 机器人与 PLC Profinet 通信介绍

ABB 机器人支持三种方式的 Profinet 总线通信方式：

方式一，Profinet Controller/Device（888-2）不需要硬件，直接将网线接到控制柜的 X5 口，即 LAN3 端，如图 5-2-16 所示，可以做主站和从站。软件的选项为 888-2，可以在示教器中查看，如图 5-2-17 所示。

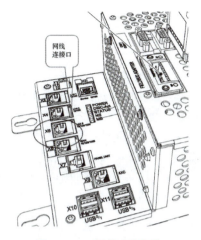

图 5-2-16 网线连接位置

图 5-2-17 示教器软件支持 888-2

方式二，Profinet Device（888-3）不需要硬件，网线连接方式同方式一，此方式只能做从站，软件的选项为 888-3。

方式三，Profinet anybus device（840-3）需要硬件 DSQC 688 模块，如图 5-2-18 所示，模块的安装位置如图 5-2-19 所示，此方式只能做从站，软件选项为 840-3。

图 5-2-18 硬件模块 DSQC 688

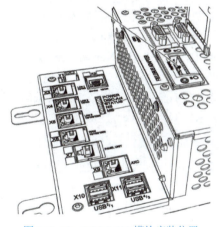

图 5-2-19 DSQC 688 模块安装位置

2. PLC 与机器人通信配置流程

S7-1200 PLC 与 ABB 机器人通信的配置流程与变频器、伺服驱动器配置流程基本类似，详细操作扫描二维码查看，主要步骤简介如下。

（1）获取 ABB 机器人配置文件 GSD。GSD（General Station Description，常规站说明）文件是可读的 ASCII 码文本文件，包括通用的和与设备有关的通信技术规范。可以到 ABB 制造商网站下载。

（2）在 Portal 软件中导入 GSD 文件。

（3）创建项目，组态 PLC 和 ABB 机器人。

（4）进行 ABB 机器人端的设置。

（5）分别编写 PLC、机器人程序。

（6）联机调试。

四、虚拟调试技术

工业中对于生产机械的调试，特别是伺服系统的调试，大多是在设备完成电气安装后进行的。由于紧张的调试时间和前期测试手段的不足，电气调试工程师直接在实际设备上进行测试，会存在极大的安全隐患。随着智能制造数字孪生技术的出现，虚拟调试技术应运而生，有效地解决了使用真实设备进行前期测试的难题。

使用虚拟调试技术，不仅可以实现 PLC 编程软件与设备三维模型之间"虚拟+虚拟"调试，也可以实现真实 PLC 控制系统和设备三维模型之间的"虚拟+真实"调试。下面介绍使用 Portal 软件 V16 和 UG NX 中 MCD 模块进行"虚拟+真实"调试的基本方法，使读者对虚拟调试技术有个大致的了解。便于在没有真实设备的情况下，进行 PLC 程序和虚拟设备三维数字模型之间的虚拟仿真联机调试。

1. UG NX 的 MCD 功能介绍

西门子推出的 MCD（Mechatronics Concept Design）机电一体化概念设计解决方案是由一种全新的适用于机电一体化产品概念设计的解决方案，基于 NX/MCD 和 Portal 软件 TIA 体系，设计人员对设备三维数字化模型以及通常存在于机电一体化产品中的自动化相关行为的概念进行 3D 建模和仿真，在系统设计阶段就可以进行设备硬件结构的合理性以及控制软件的可靠性的虚拟调试验证。

Keepserverex 介绍

Net to PLCSim 介绍

虚拟调试需要借助一些必要的软件仿真平台，对于 S7-1200 PLC 需要 S7-PLCSIM、Kepserverex6、Net to PLCSim 以及 UG NX 12.0 以上版本。S7-PLCSIM 是 Portal 仿真软件，在之前项目中都使用过。Kepserverex 是一款在工业控制中比较常见的数据采集服务软件之一，提供了多种类型、格式的模拟数据，具有比较广泛的适用性。在项目的实施或测试过程中，遇到没有传感器、PLC 之类设备的情况，无法通过实时数据来测试工作成果的有效性。用它来作 OPCServer，可提供数据模拟功能。

2. Portal 软件 V16 与 UG NX/MCD 虚拟调试

使用 Portal 软件 V16 和 NX MCD 模块进行设备虚拟调试的基本流程如下。

（1）进行 3D 机械模型的设计

使用 NX MCD 模块中或者零件模型中进行 3D 机械模型的设计，也可导入其他格式的三维设计模型，如使用 PROE、Solidworks 等创建的三维模型。

（2）在 MCD 模块中进行运动仿真

打开 UG NX 的 MCD 模块，在 MCD 环境下进行基本机电对象、运动副和约束、偶合副、传感器和执行器、信号等相关功能的定义，完成运动模型的创建。

（3）PLC 程序的编写

在 Portal 中进行对运动模型相关运动程序的编写。

（4）OPC 信号连接

在 MCD 中创建信号和信号连接，实现 PLC 中相关变量与 MCD 运动模型中的执行器变量或者传感器变量的关联。

（5）仿真调试

运行 Kepserverex6、Net to PLCSim 软件进行 PLC 相关通信参数设置，连接真实 PLC 或不使用真实 PLC，联合 Portal 软件、MCD 进行"虚拟+虚拟"或"虚拟+真实"调试。

3. 虚拟调试案例

下面通过一个简单的物块在传送带上往返移动的案例，概念模型如图 5-2-20 所示，请扫描二维码下载皮带输送三维模型，然后进行学习，通过手把手示范操作视频介绍，学习使用真实 PLC 和 MCD 进行"虚拟＋真实"调试的过程。

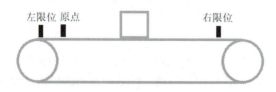

图 5-2-20　皮带输送物块往返运动模型

皮带三维模型

皮带 PLC 和 MCD 虚拟调试

NX MCD 功能十分强大，需要通过专门课程进行学习，希望通过案例能为读者打开虚拟调试的大门，在没有真实设备或 PLC 的条件下，自我学习，自我创设环境，进行 PLC 控制项目的设计、开发和调试。

👍👍👍恭喜你，完成了"PLC 高级应用与人机交互"课程所有内容的学习，带着这些"装备"，到实际 PLC 控制工程项目中进行实践历练吧。相信几年后我们会看到一个 PLC 工程师高手遨游于自动控制的世界。

参考文献

[1] Siemens.SIMATIC S7-1200 可编程序控制器手册，2019 年．

[2] Siemens.SIMATIC HMI 操作设备第二代精简系列面板操作说明，2016 年．

[3] Siemens.SIMATIC STEP 7 S7-1200 运动控制手册，2011 年．

[4] 赵春生．西门子 S7-1200PLC 从入门到精通 [M]．北京：化学工业出版社，2021．

[5] 班华，李长有．运动控制系统（第 2 版）[M]．北京：电子工业出版社，2019．

[6] 章祥炜，岳媛，浩天．深度学习触摸屏应用技术 [M]．北京：化学工业出版社，2021

[7] SINAMICS 智能操作面板，2015 年．

[8] 操作指南：SINAMICS G120 变频器的控制字和状态字，2016 年．

[9] 操作指南：SINAMICS G120 CU250S-2 系列控制单元宏功能介绍，2015 年．

[10] SINAMICS G120 控制单元 CU250S-2 操作说明，2020 年．

[11] SINAMICS G120 控制单元 CU250S-2 参数手册，2020 年．

[12] 段礼才．西门子 S7-1200 PLC 编程及使用指南 [M]．北京：机械工业出版社，2017

[13] 刘长青．西门子变频器技术入门及实践 [M]．北京：机械工业出版社，2020．

[14] 吴繁红．西门子 S7-1200 PLC 应用技术项目教程（第 2 版）[M]．北京：电子工业出版社，2021．

[15] 王春峰，段向军．可编程控制器应用技术项目式教程（西门子 S7-1200）[M]．北京：电子工业出版社，2019．

[16] 游辉胜，杨同杰．运动控制系统应用指南 [M]．北京：机械工业出版社，2021．

[17] 孟庆波．生产线数字化设计与仿真 (NX MCD)[M]．北京：机械工业出版社，2020．

[18] 张雪亮，王薇．深入浅出西门子运动控制器 S7-1500T 使用指南 [M]．北京：机械工业出版社，2019．